手簪莳花

扭扭棒制作基础技法

赵飏 编著

刘津 摄影

天津出版传媒集团

天津科技翻译出版有限公司

图书在版编目(CIP)数据

手簪莳花：扭扭棒制作基础技法 / 赵飏编著. —
天津：天津科技翻译出版有限公司，2022.10
ISBN 978-7-5433-4259-0

Ⅰ.①手… Ⅱ.①赵… Ⅲ.①手工艺品-制作 Ⅳ.
①TS973.5

中国版本图书馆 CIP 数据核字(2022)第 123911 号

手簪莳花：扭扭棒制作基础技法
SHOUZAN SHIHUA NIUNIUBANG ZHIZUO JICHU JIFA

出　　版：天津科技翻译出版有限公司
出 版 人：刘子媛
地　　址：天津市南开区白堤路 244 号
邮政编码：300192
电　　话：022-87894896
传　　真：022-87893237
网　　址：www.tsttpc.com
印　　刷：天津新华印务有限公司
发　　行：全国新华书店
版本记录：710mm×1000mm　16 开本　8 印张　200 千字
　　　　　2022 年 10 月第 1 版　2022 年 10 月第 1 次印刷
定　　价：58.00 元

作者简介

我是一个喜欢安静做手工的人，手工几乎成了我的心灵依靠，有压力的时候、有烦恼的时候，它们陪伴着我；当然，幸福的时候、温暖的时候、开心的时候，它们也伴随着我——手工对我来说承载着各种记忆。我看着自己的作品慢慢地完成，感觉它们就像一个个飞舞在指尖闪光的小精灵。手工可以让时光慢下来，可以帮我回归自然、忘却压力、碰触心灵、寻找感觉……

扭扭棒制作仿绒花——感受时光的流动
让我们来一场指尖上的旅行

扭扭棒是一种容易买到又超级可爱的手工材料，其铁丝的身体外面裹着密实的绒毛外衣，不仅本身令人产生遐想，使用扭扭棒变幻出的多姿多彩的神奇世界更是令人神往。

当你翻开本书，就会立刻走进扭扭棒的手工世界，一场说走就走的旅行在等着你出发！

书中的每一篇都是一次与心灵的对话。

书中的每一篇都是一次精神的放松。

书中的每一篇都是一次指尖上的旅行。

书中的每一篇都是一次手工的探索。

书中的每一篇都是一次自我的提升。

这本书是我的第一本有关扭扭棒手工制作仿绒花的书。从教 10 多年，我在日常教学中遇到过各种各样的学生，他们的求知欲都很旺盛，尤其对手工充满兴趣。为了更好地教学，我探求手工学习的规律，力求使教程由简至繁，多种类、易练习。因此，本书非常适合初学者，通过阅读、练习，能达到简单上手的目的。

书中介绍的每一个教程的制作步骤都非常详细，也许你会在制作中遇到这样或那样的问题，别慌！稳住！坚持就是胜利！我相信，只要按照教程多加练习，你一定会感受到完成手工作品的快感！

由于我的写作经验有限，书中的内容可能还有很多瑕疵、纰漏和不足之处，希望各位读者多多包容。在这里特别感谢一直帮助我的朋友们和老师们，感谢你们一直以来对我的支持与鼓励，让我有勇气迈出这勇敢的第一步。

特别感谢展示模特葛嘉、张嘉，妆造无患，以及摄影刘津。

目 录

第一章

材料与工具

一、扭扭棒的成员们

各种各样的扭扭棒

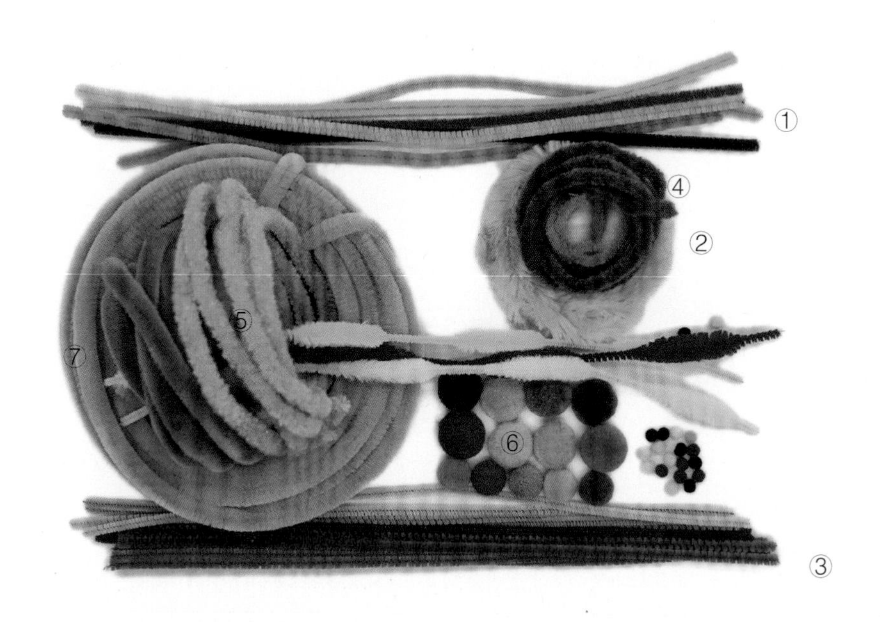

扭扭棒的品种有很多:

①普通扭扭棒,我们在练习中经常用到;②波浪扭扭棒,可以辅助做出一些特殊的造型和装饰;③超细扭扭棒,经常用作装饰,也可以作为扭扭棒动物的骨架;④超密粗扭扭棒,可以用来做扭扭棒小动物和造型花叶;⑤羊毛扭扭棒,经常用来做扭扭棒小动物;⑥毛球,用来做花蕊和装饰;⑦特长加粗扭扭棒,可用来做装饰和扭扭棒小动物。

扭扭棒的种类有很多,大家可以任意搭配使用。

二、必备工具

(一)造型工具

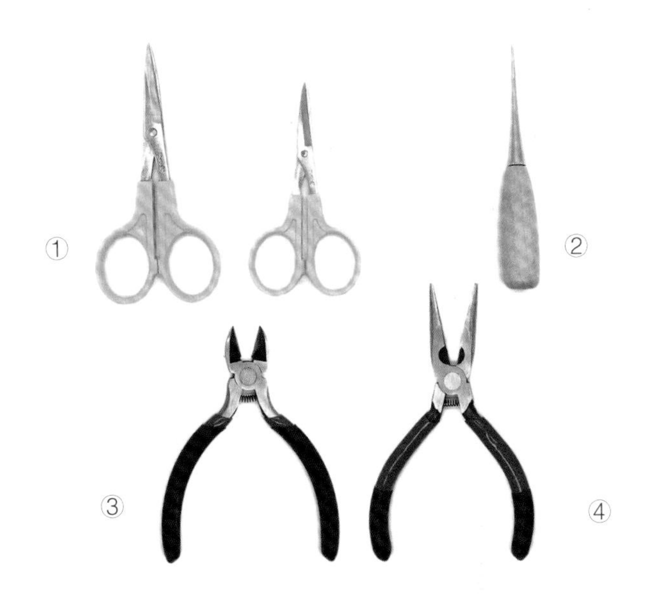

①不同大小的弯头剪刀,用来修剪、打尖扭扭棒;②锥子,用来做扭扭棒小动物;③剪钳,有时比剪刀更好用;④尖嘴钳,可以帮助做造型,辅助扭扭棒压实。

①弹力线(QQ 线);②金属线,有很多型号。

①手工花艺胶带；②专用胶水；③热熔胶枪；④手工酒精胶。

（二）上色工具

①软粉笔；②笔刷；③软头水彩笔；④棉签；⑤眼影腮红。

(三)其他工具

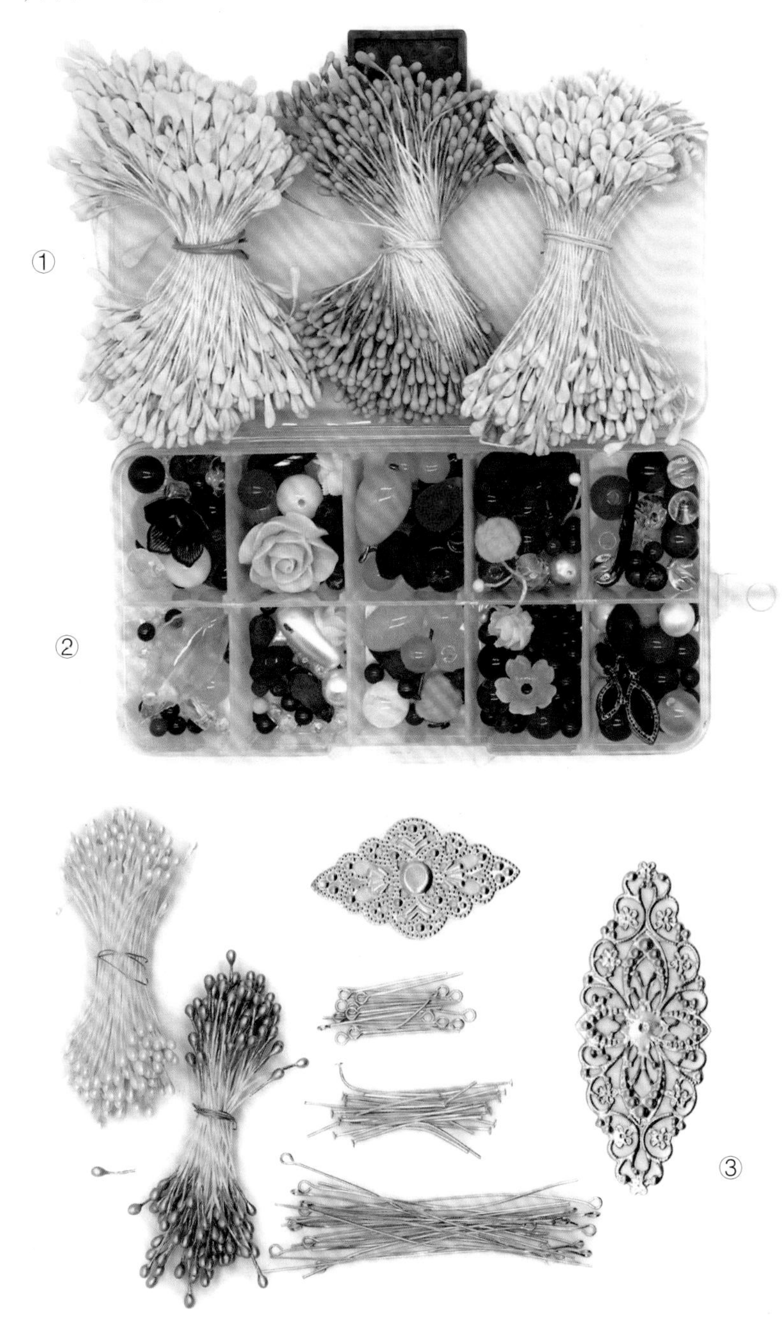

①各种各样的花蕊;② 各种珠子(注意平时积累);③金属花片配件、9 字针和圆头针配件。

④各种粗细的花杆铁丝。

第二章

入门指南

一、几种入门技法

(1)卷

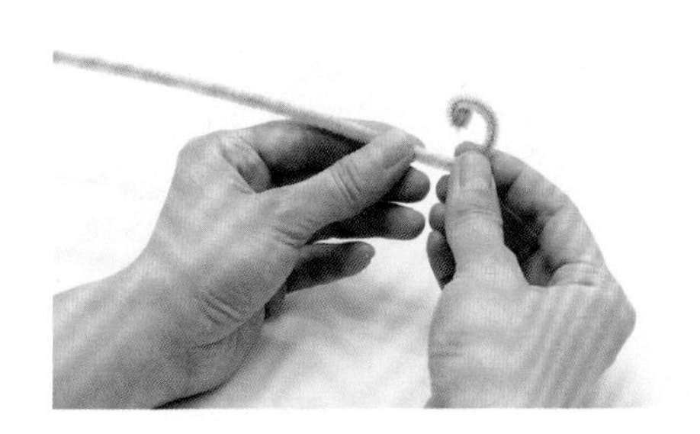

(2)盘

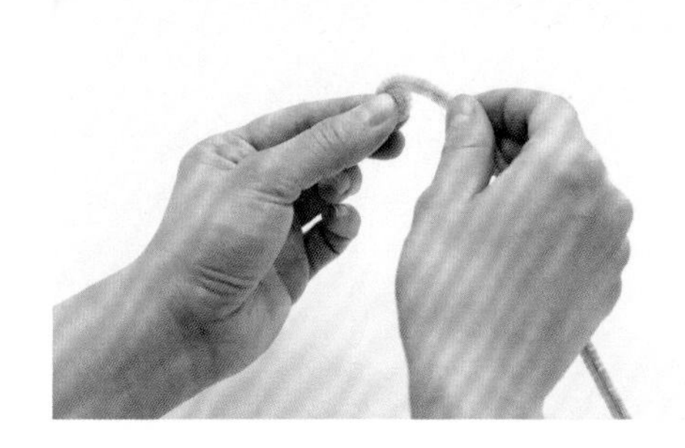

(3)缠

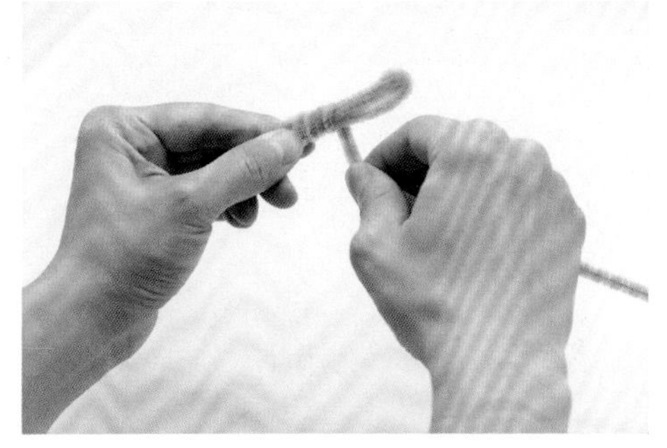

(4)绕

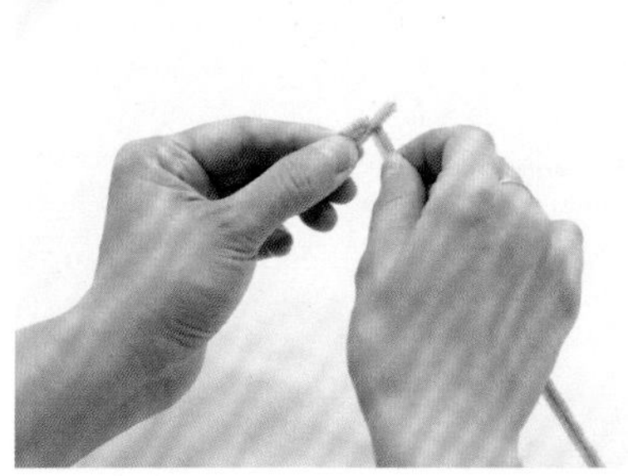

(5)弯

①

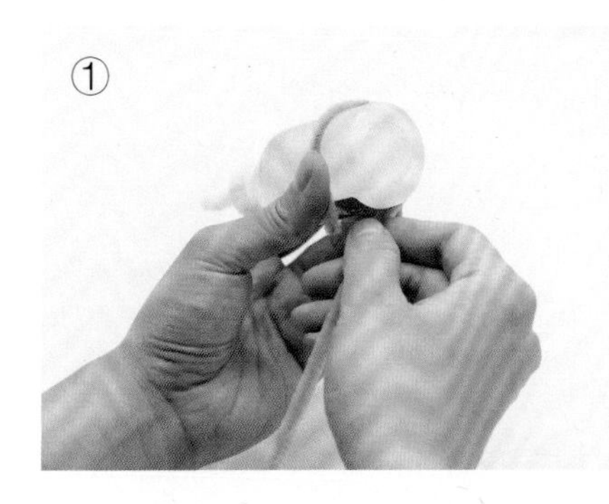

②

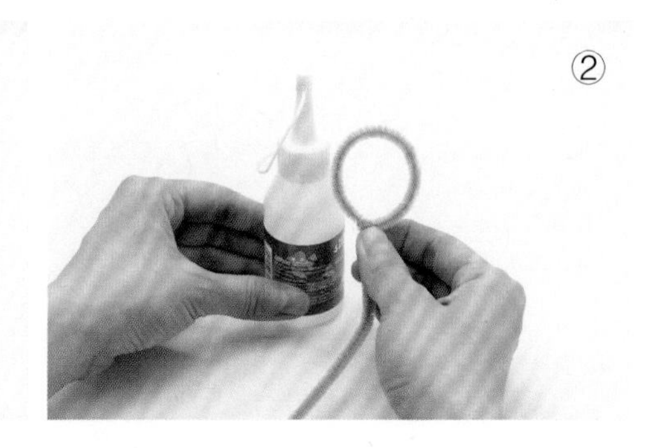

(6)折

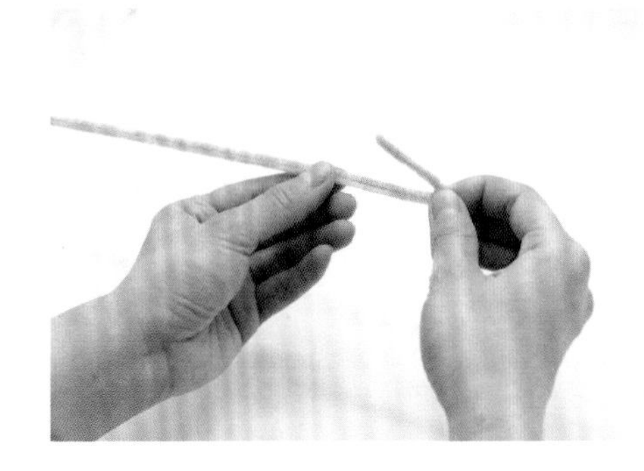

二、基础造型制作

(一)团花的制作

准备 5~6 根扭扭棒和弯头剪刀。

1.制作花朵

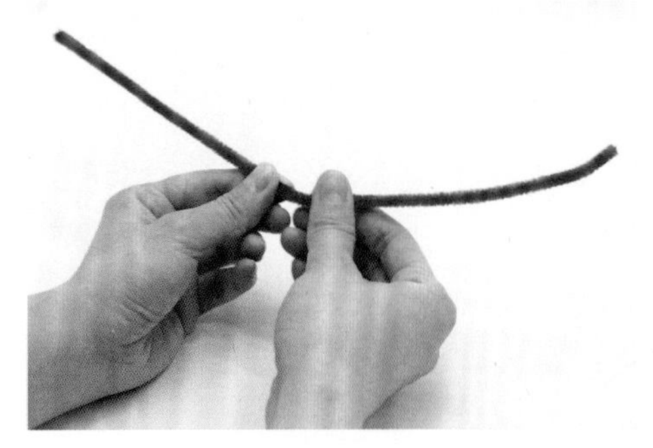

(1)取扭扭棒，用双手的大拇指和食指捏住。

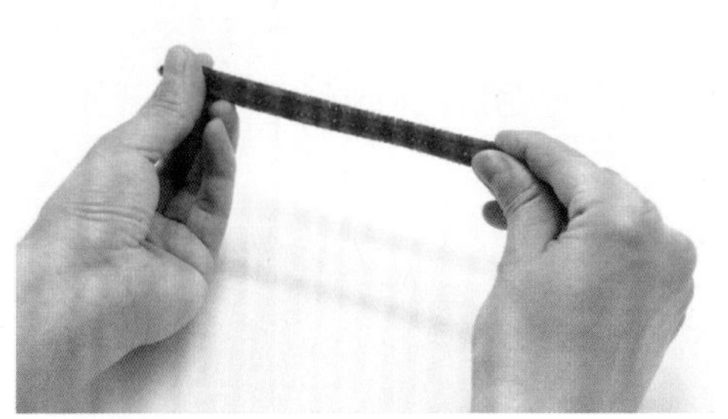

(2)将扭扭棒从中间对折。

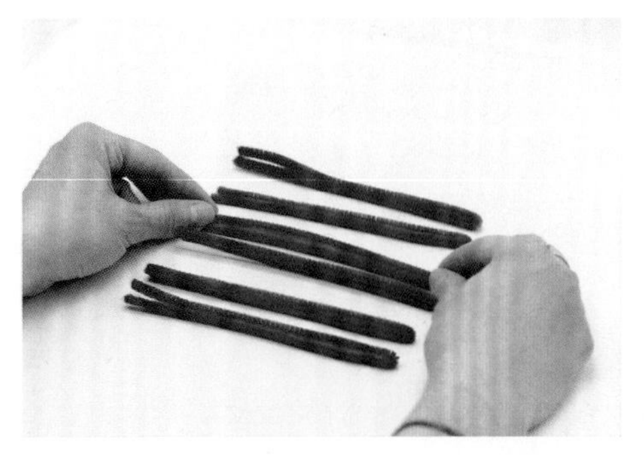

(3)其他扭扭棒依此对折。

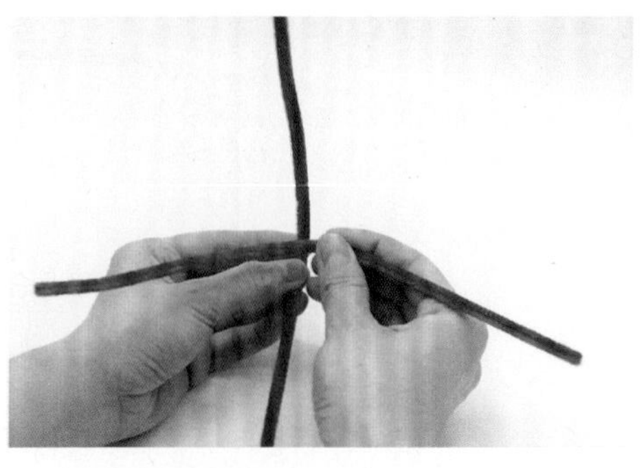

(4)取出两根扭扭棒十字交叉。

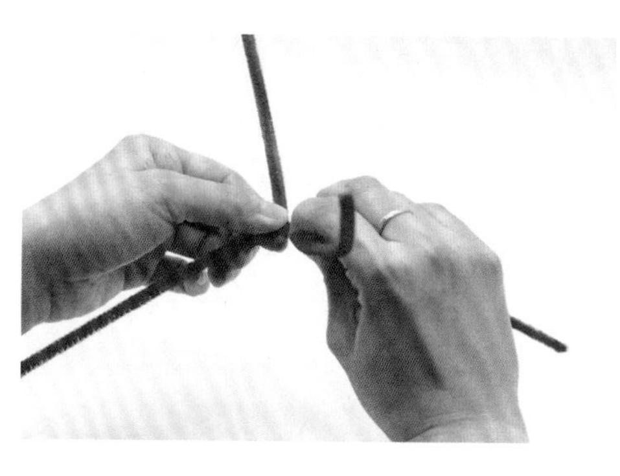

(5)接着，将两者从中间点交叉扭在一起。

(6)十字交叉，如图所示扭在一起。

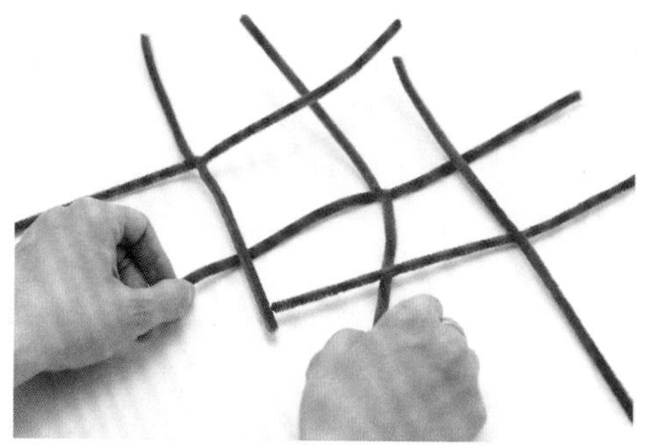

(7)将所有扭扭棒以十字状扭好。然后两两一对进行分组。

(8) 将这些扭好的扭扭棒再从中间扭转，使其连接在一起。

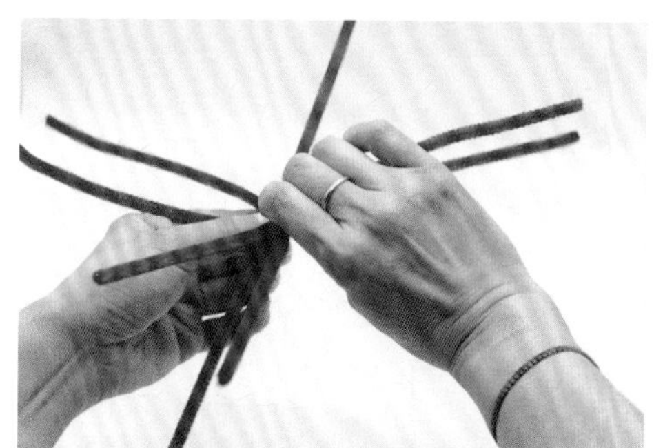

(9)两组扭扭棒连接如图。

(10)3 组扭扭棒连接如图。

(11)在中心处固定扭扭棒，使其呈放射状。

(12)将其中一根扭扭棒从头开始向中间卷。

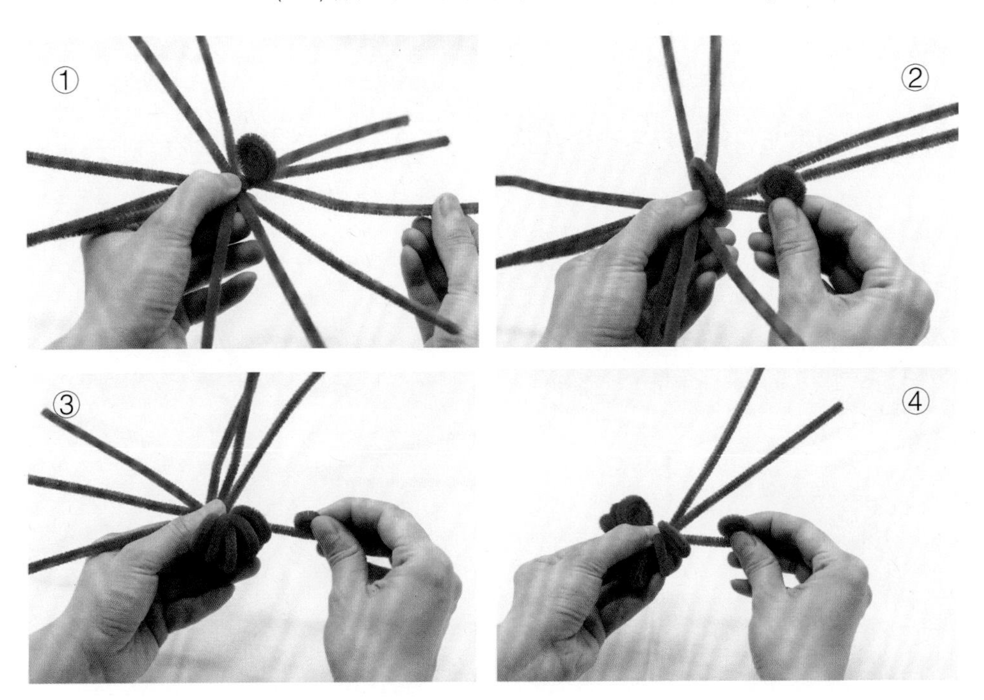

(13)将每一根扭扭棒都依次向内卷，直至卷完。

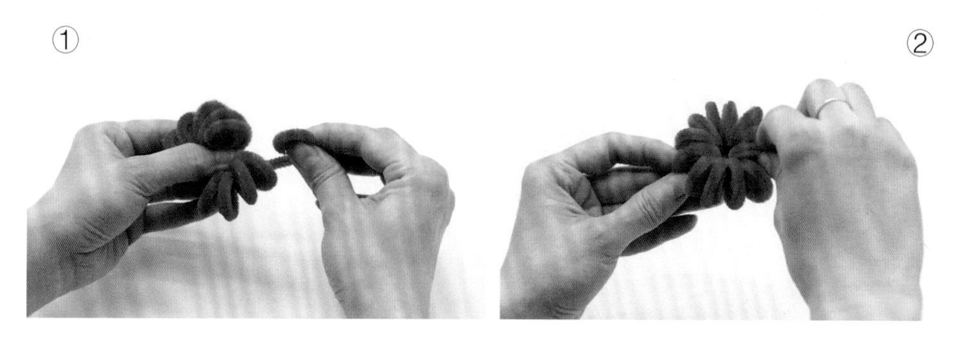

(14)全部卷好后，调整花形，让花朵变得饱满。

2.制作叶子

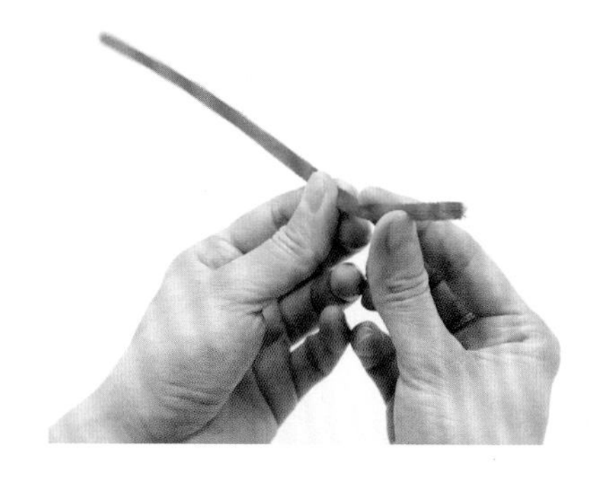

(1)取一根扭扭棒，从头向内折一小段。

(2)从短的部分开始绕一圈。

(3)左手捏住折叠部分，留出大约3cm，用扭扭棒长端在上面缠绕一圈。

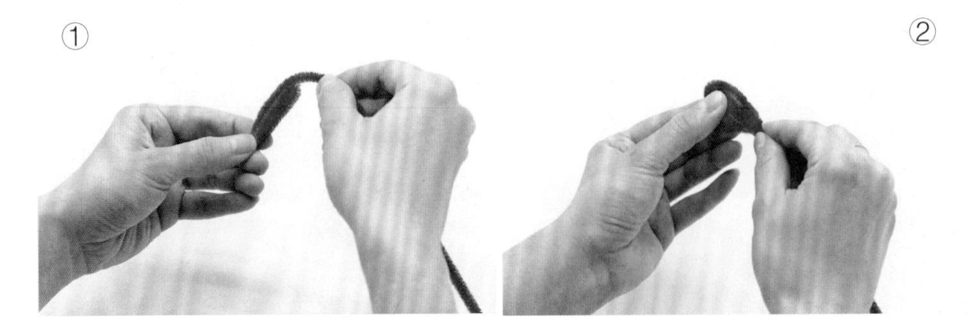

(4)拉紧后,沿折叠部分竖着再缠绕一圈。

(5)缠绕到短的根部时,横向绕一圈,并拉紧固定。

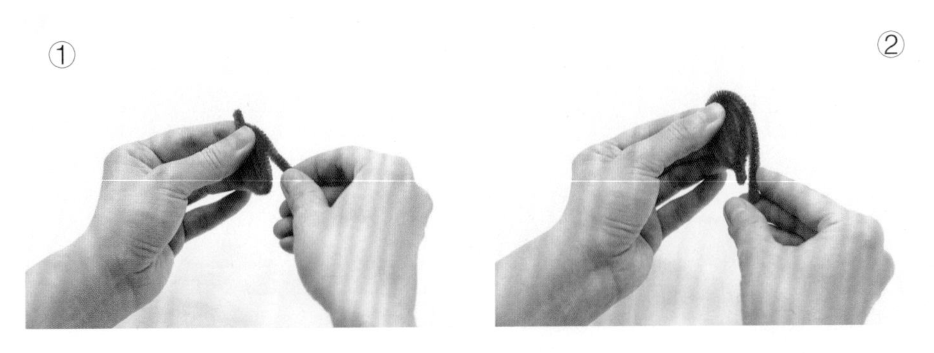

(6)按照之前的方法重复缠绕,为的是增加叶片的层数。

①

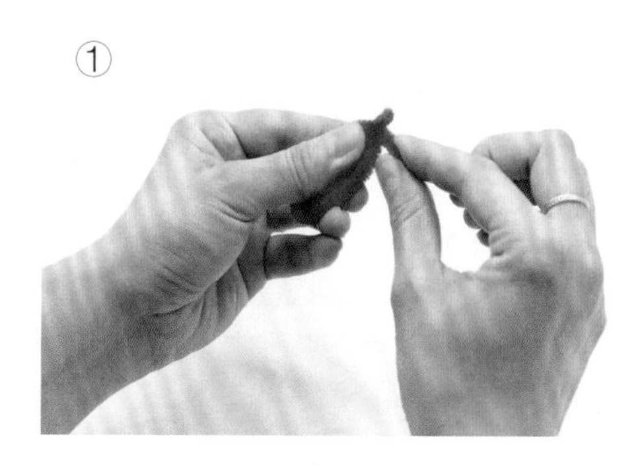

②

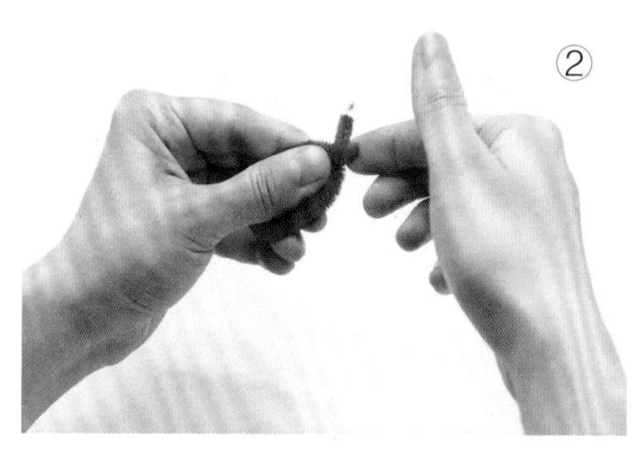

(7)将扭扭棒的两端绕到根部,将其交叉扭在一起固定。

①

②

(8)将叶子顶部捏尖。

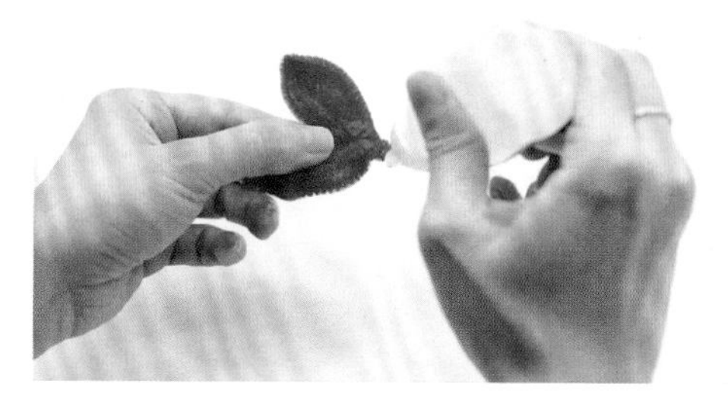

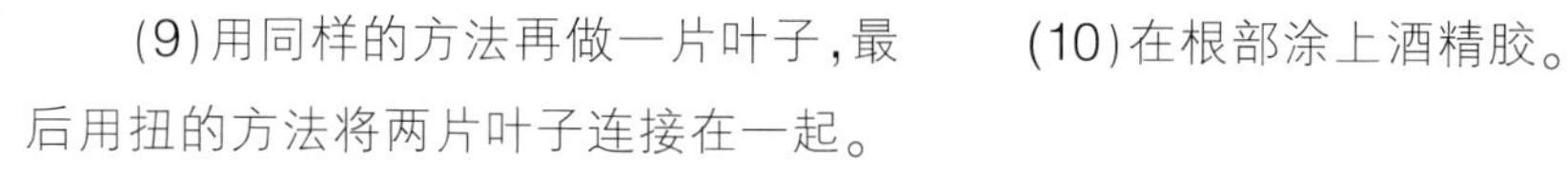

(9)用同样的方法再做一片叶子,最后用扭的方法将两片叶子连接在一起。

(10)在根部涂上酒精胶。

(11)把制作好的花朵粘在叶片上。

(12)制作好的团花效果图。

(二)多层玫瑰花的制作

多层玫瑰花的做法是将团花经过加工直接变化为另一种花形。在前面做好的团花外多加两层,第1层由3根扭扭棒组成,第2层由6根扭扭棒组成。

1.制作花瓣

(1)准备好两种颜色的扭扭棒,一种为6根,一种为3根。

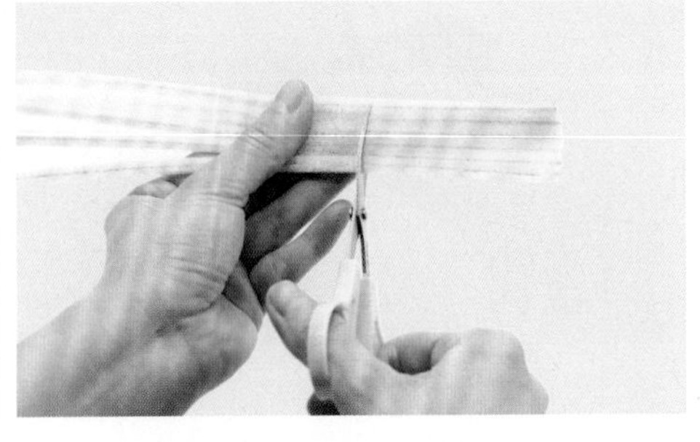

(2)将其中6根扭扭棒剪掉1/3,留取较长的部分备用。

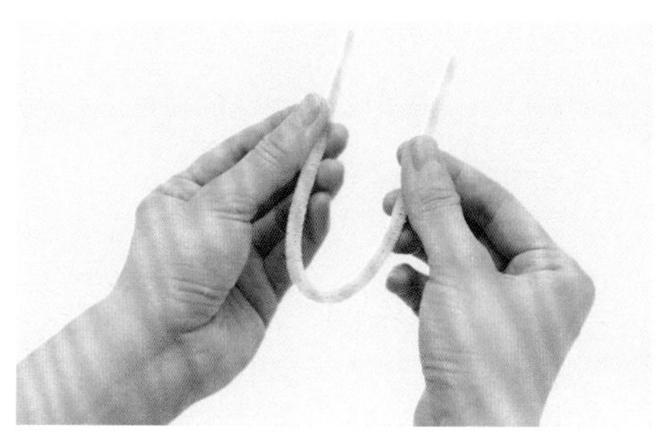

(3)将留取的 6 根扭扭棒逐一对折。

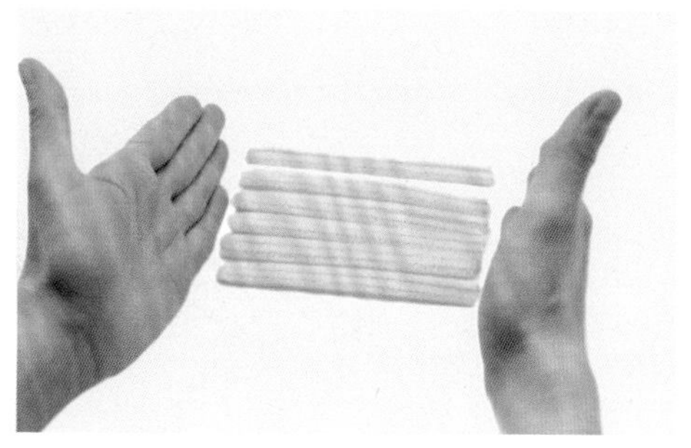

(4) 将折好的 6 根扭扭棒依次对齐,备用。

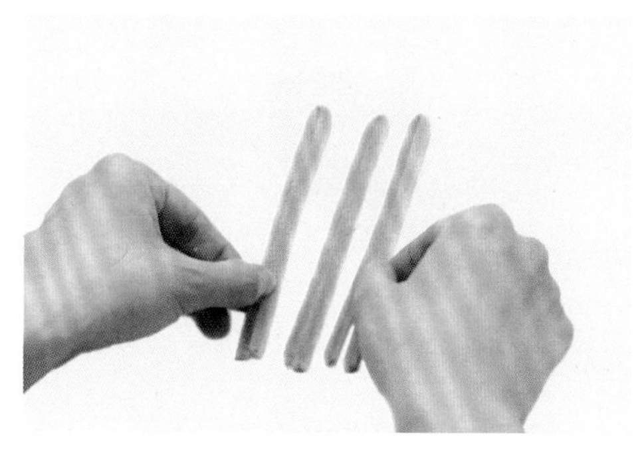

(5)将另外 3 根也对折。

(6)将对折的一头剪掉。

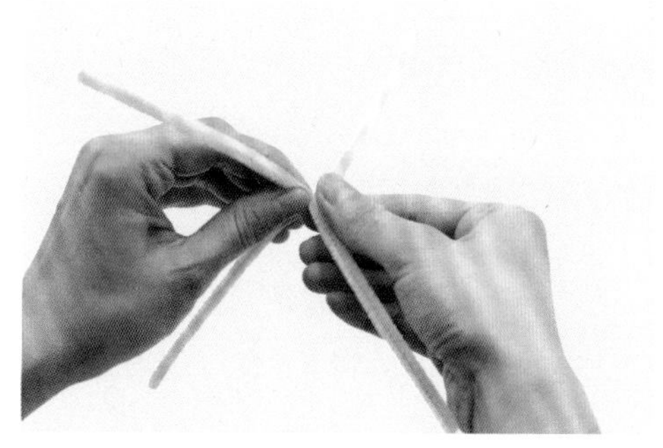

(7)将所有对折好的扭扭棒都从中间处以十字状扭在一起。

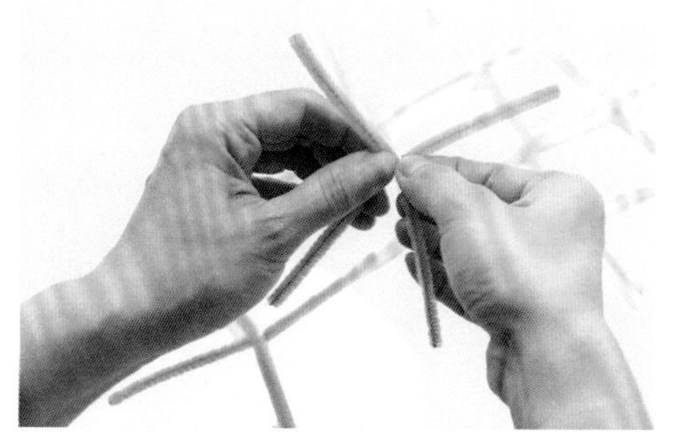

(8)分组,然后从中心点两两扭在一起。

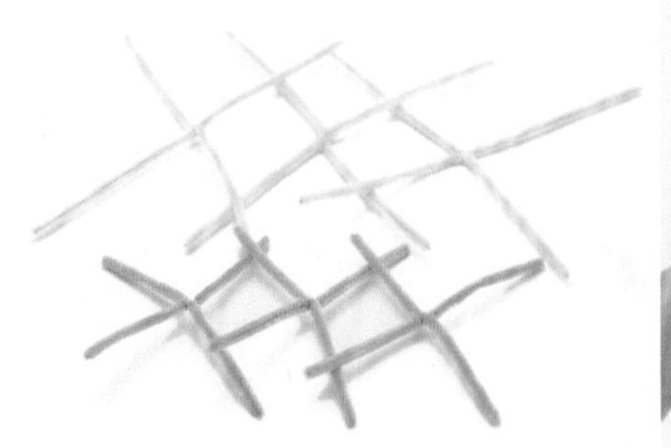

(9)重复团花的制作过程。

(10)做好大、中、小 3 个团花。

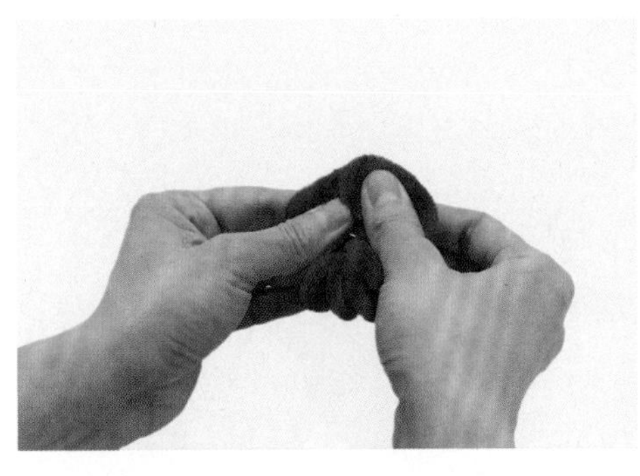

(11)取一个团花,将花瓣朝一个方向按倒。

(12)压平,并整理。

(13)做好的效果图。

(14)用同样的方法,将另外两个团花也做好。

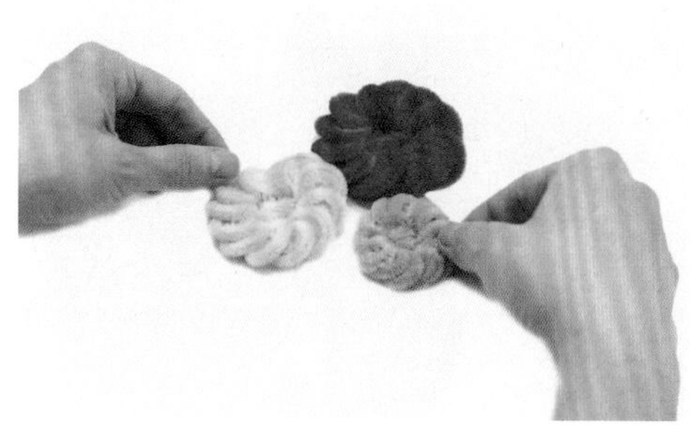

(15)3个团花做好后的效果图。

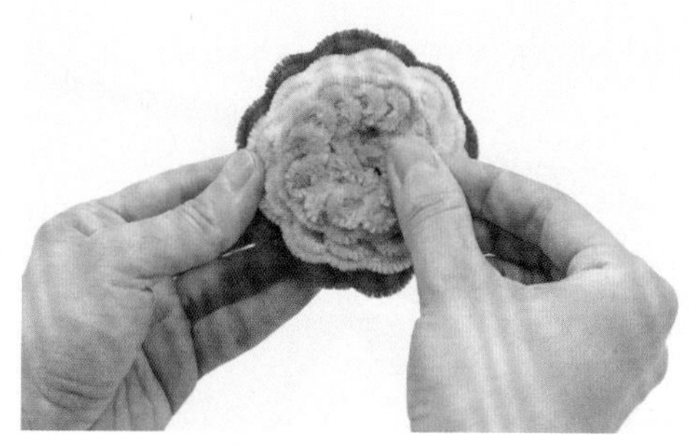

(16)最后,将做好的3个团花依照从大到小的顺序叠放,即最大的放在最下面,最小的放在最上面。

2.制作花蕊

(1)取一根扭扭棒对折。

(2)从对折的一边向内卷。

(3)将扭扭棒向上卷至约1/3处。

(4)将剩下的分开部分交叉扭在一起。

(5)将扭扭棒扭在一起的部分从中间打开。

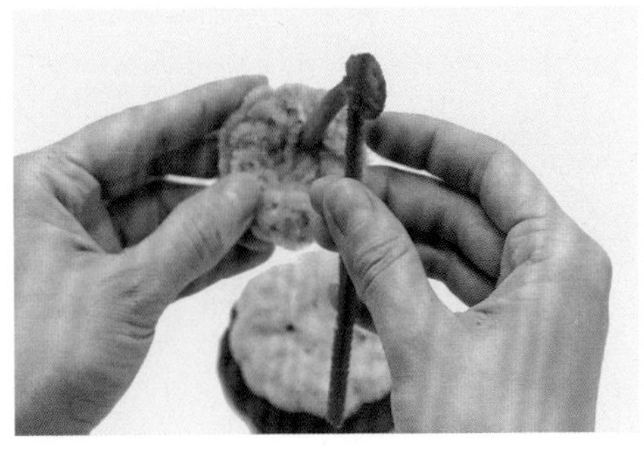

(6)将花蕊从第一层花朵中间的空隙处插进去。

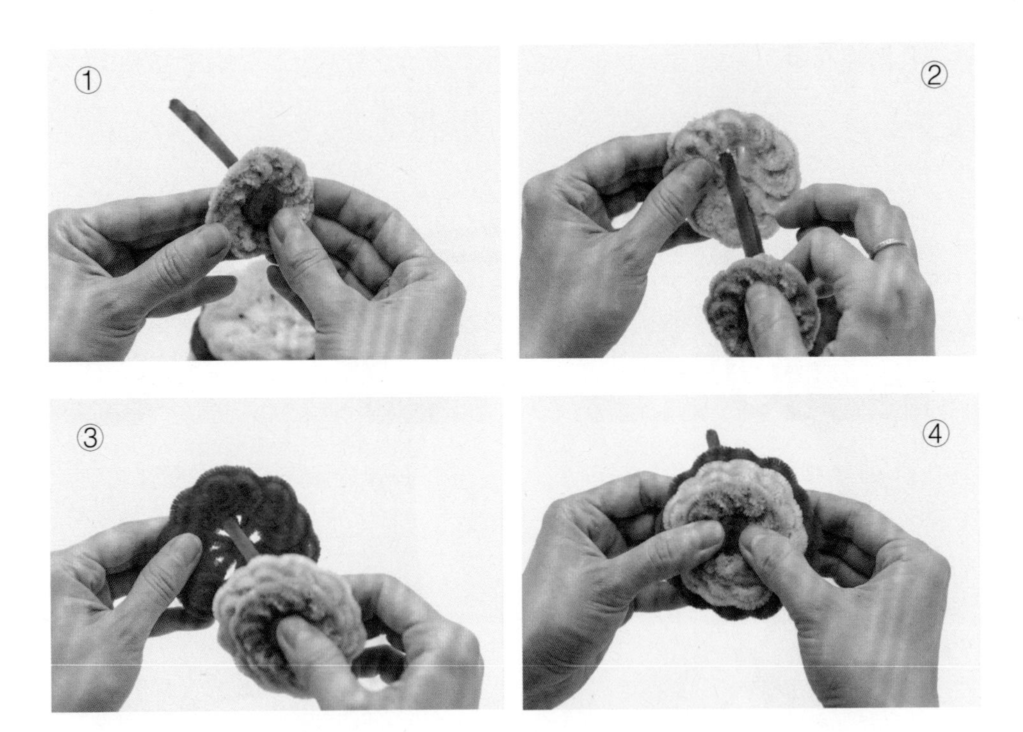

(7)将大、中、小3层花朵通过花蕊尾部的扭扭棒穿连在一起。

(8)将花蕊尾部的扭扭棒在第3层花朵的反面扭紧并固定。

(9)将3根扭扭棒扭紧成1根。

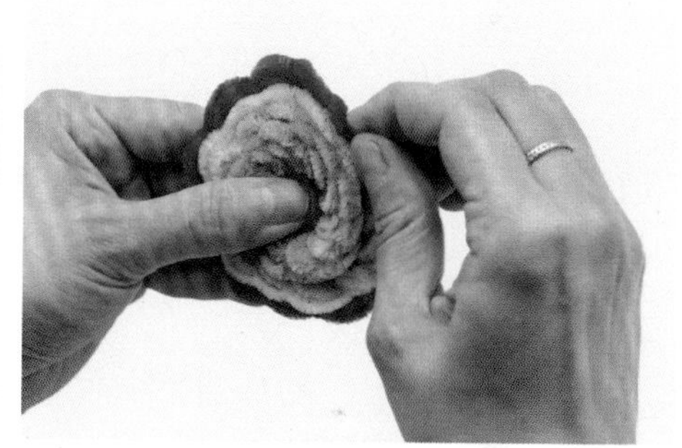

(10)整理每一层的花瓣形状。

(11)将根部多余的扭扭棒剪掉。

(12)作品效果图。

(三)秋色团菊的制作

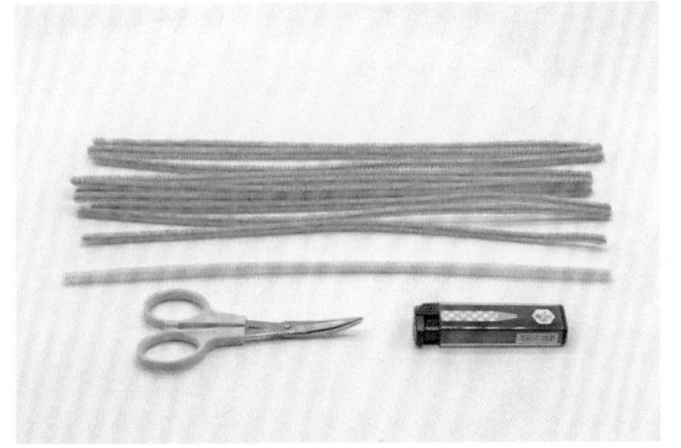

准备制作团菊花瓣所需的扭扭棒6~7根、制作花蕊的扭扭棒1根、弯头剪刀和打火机。

1.制作花瓣

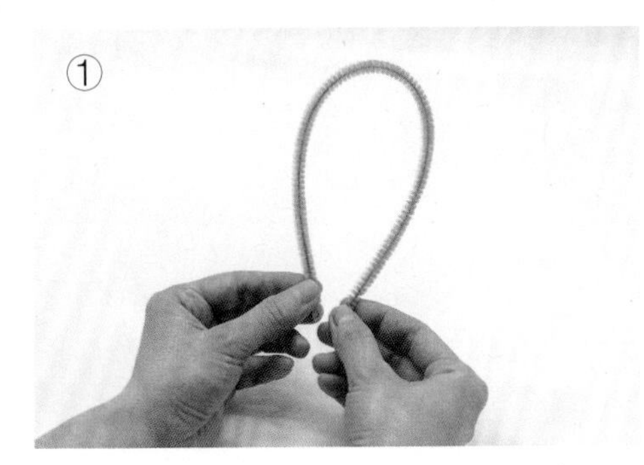

(1)将6~7根扭扭棒从中间对折。

(2)将对折后的扭扭棒从中间扭紧，呈十字状。

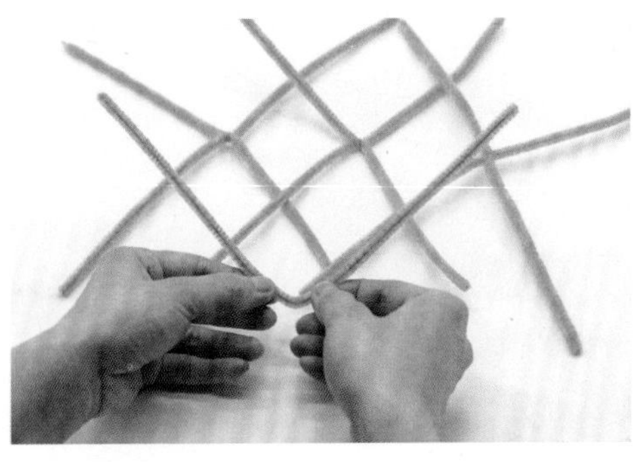

(3)完成多个"十字"后,备用。

(4)重复团花的制作方法,将所有"十字"扭扭棒从中间处连接在一起,然后扭紧固定。

(5)如果准备的扭扭棒比较多,且中间不好固定,可以将所有"十字"扭扭棒的中心点叠在一起,然后用一根扭扭棒穿过其中心点,在背后交叉扭紧,固定好。

(6)从中间向外打开、拉紧。

(7)将其中一根扭扭棒从顶端向中间点对折。

(8)将其顶端在中心点旋转扭紧。

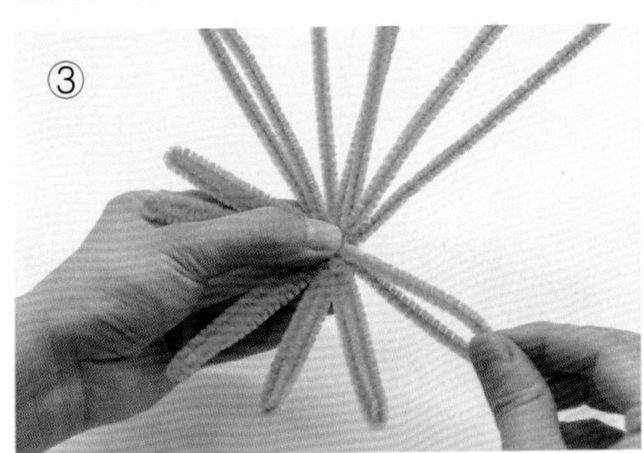

(9)重复之前的制作过程，依次将其他扭扭棒都做好。

(10)完成花瓣部分的效果图。

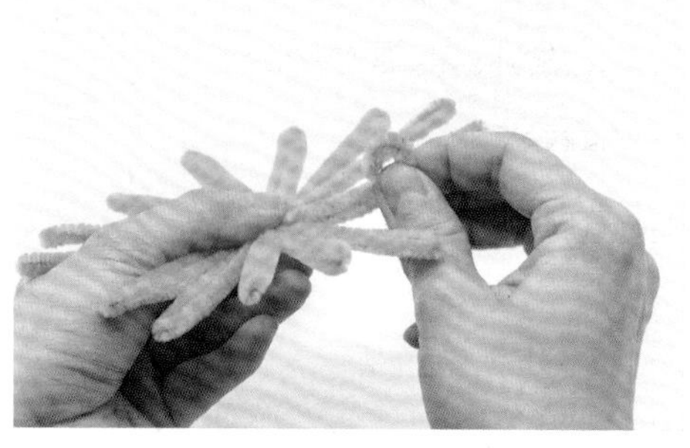

(11)从花瓣顶端向中心点平着卷。

(12)如果用手很难将花瓣卷平,可以借用水彩笔或圆柱形工具来辅助向内卷。

(13)将所有的花瓣都向内卷。

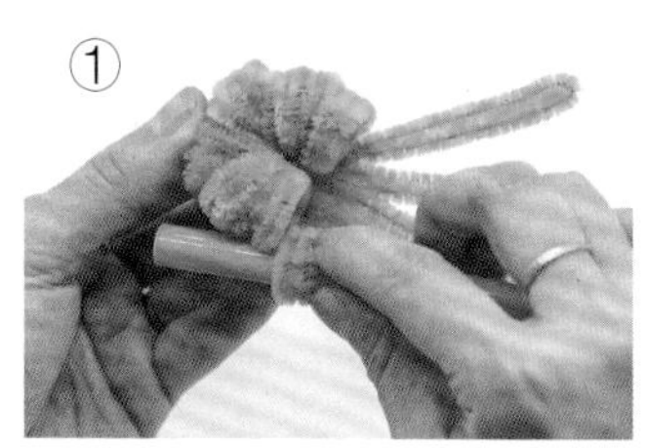

③

(14)卷好后,调整形状。

(15)作品效果图。

2.制作花蕊

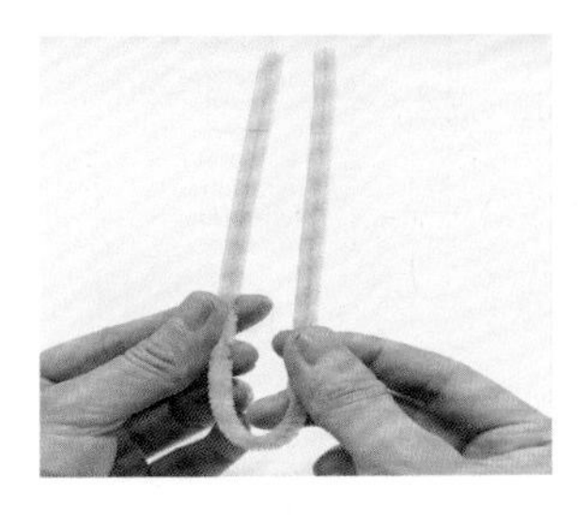

(1) 取一根扭扭棒对折。

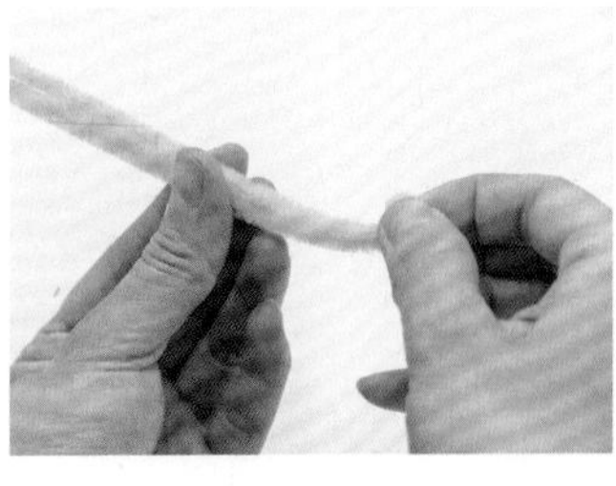

(2) 从折好的一端向上卷。

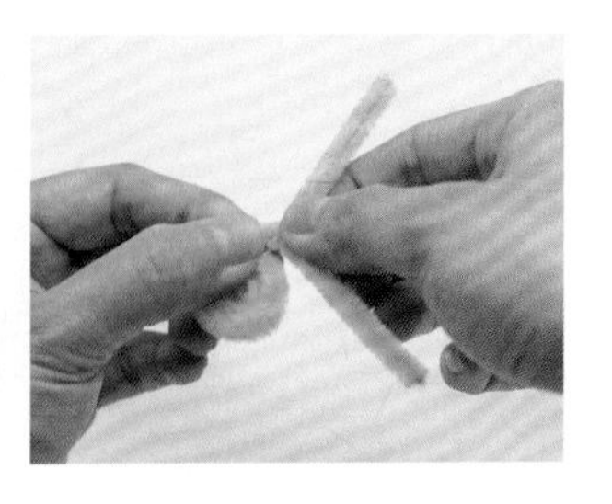

(3) 卷好后，将余下的扭扭棒交叉扭紧，并且固定。

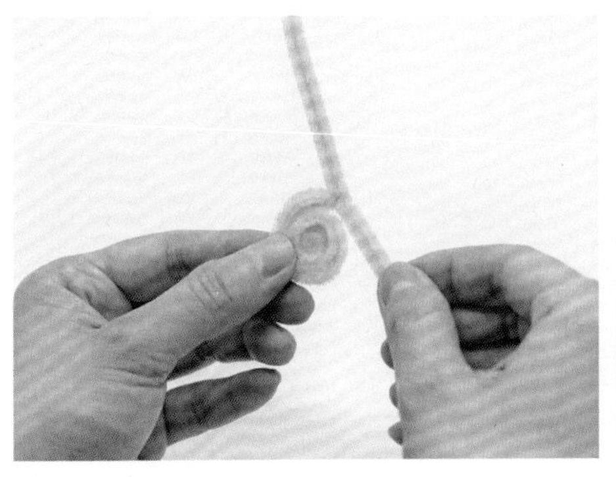

(4) 扭紧固定后，将扭紧的部分放在卷好的圆盘下方。

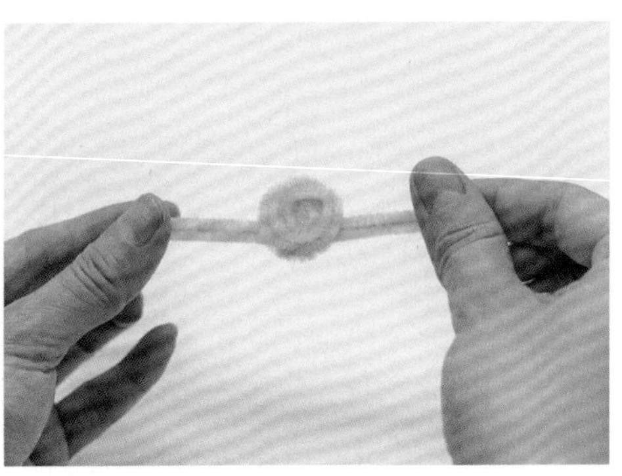

(5) 如图所示，制成花蕊。

3.组合花朵、花蕊

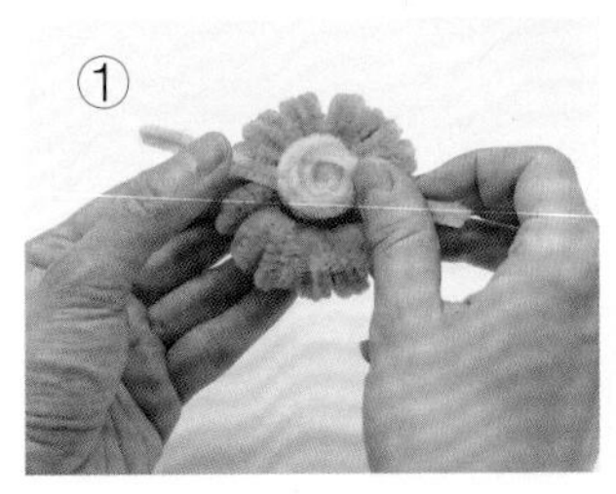

(1) 将花蕊放进团花的中心部分①，然后分开扭扭棒的两端穿过花瓣②，最后在团花的背面扭紧固定③。

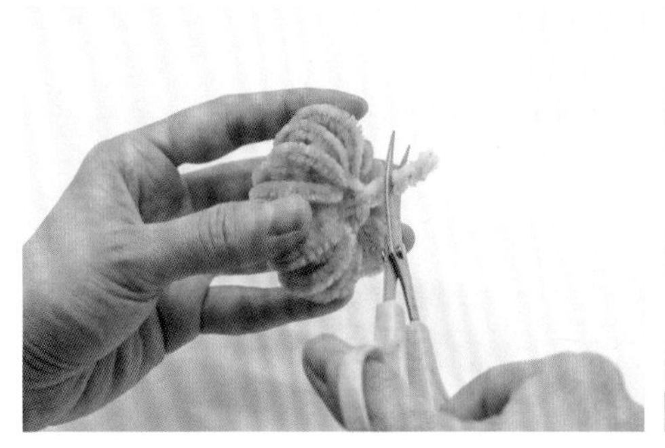

(2) 可适当调整背后花杆的长度，将完成后的花朵修饰整齐。

(3)花朵完成效果图。

4.制作装饰物

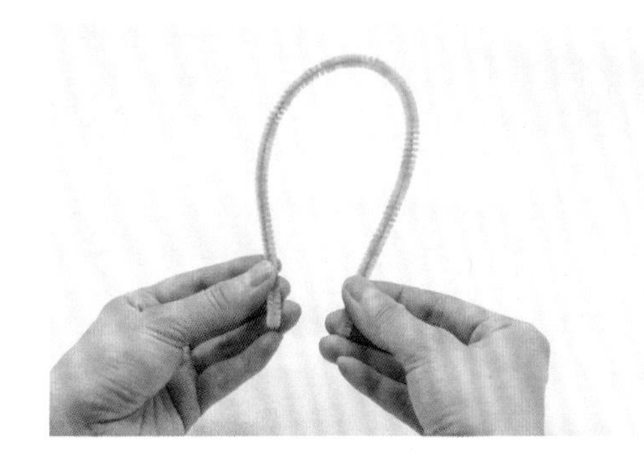

(1)将装饰用的扭扭棒对折。

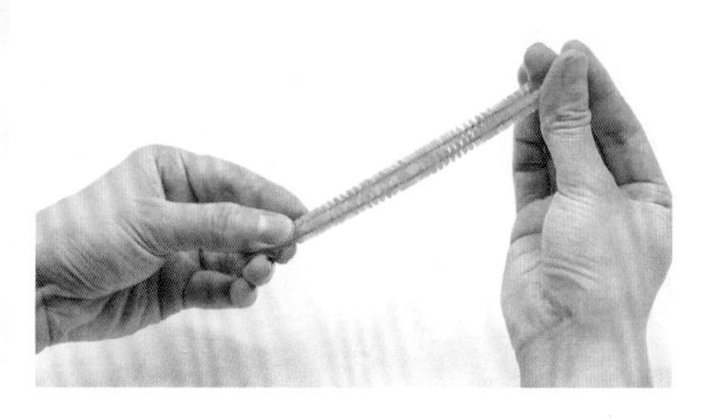

(2)随后，在中心处捏紧。

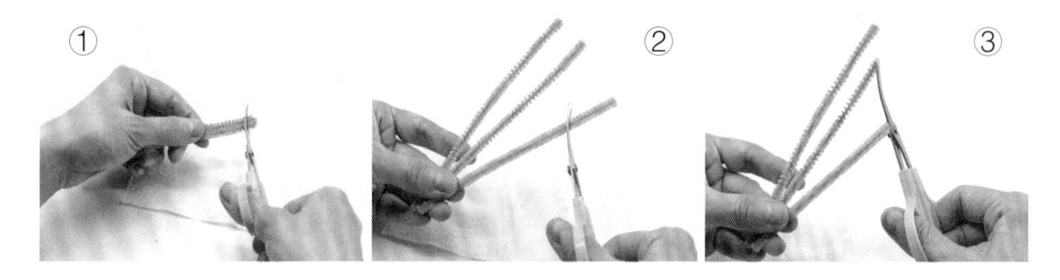

(3)先将扭扭棒剪开，再将剪好的扭扭棒按长短需要依次剪好。

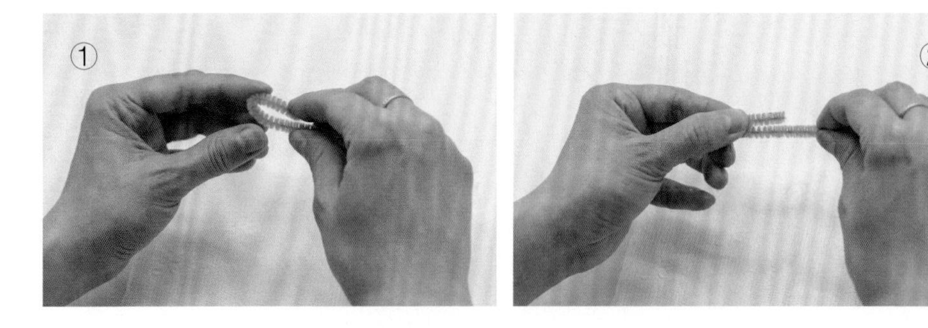

(4)按照前面讲的叶子制作方法的第一步进行制作。

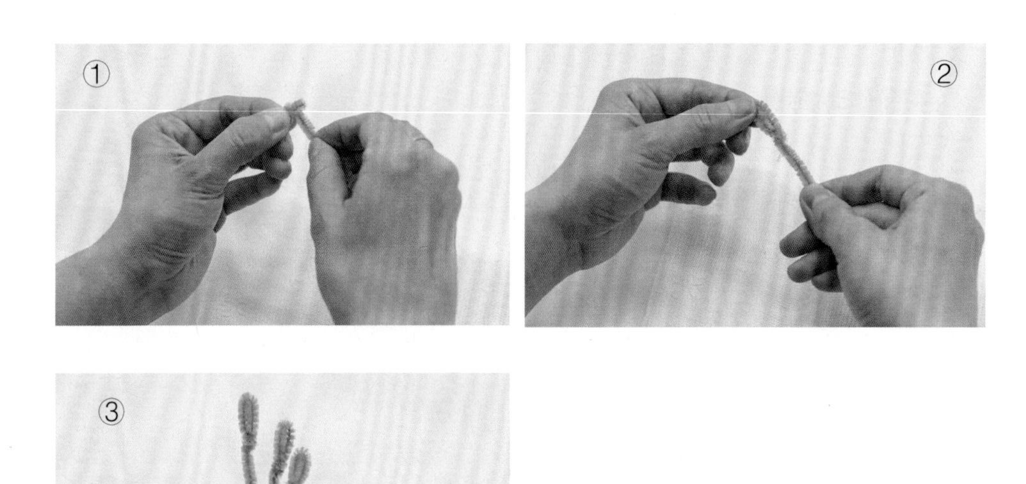

(5)再用绕的方法进行制作。做成3个。

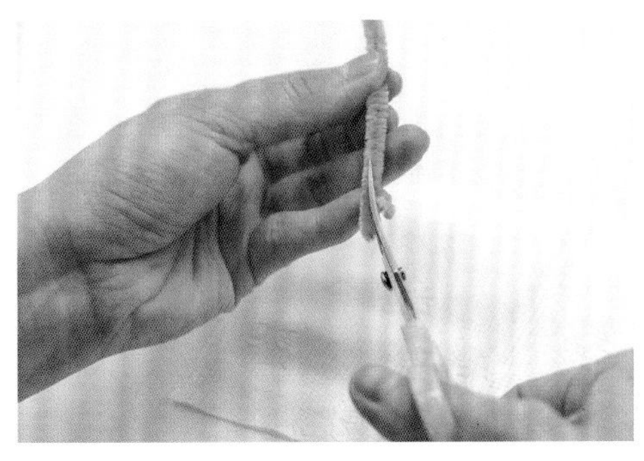

(6)将装饰用扭扭棒下面花杆部分的绒毛剪掉。

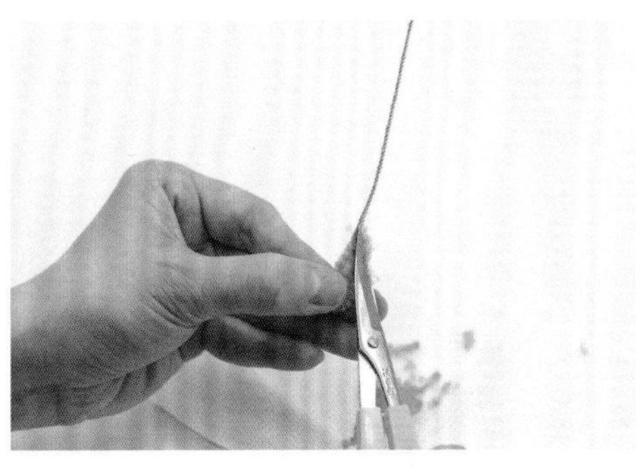

(7)再将装饰用扭扭棒圆头下端的绒毛修剪整齐。

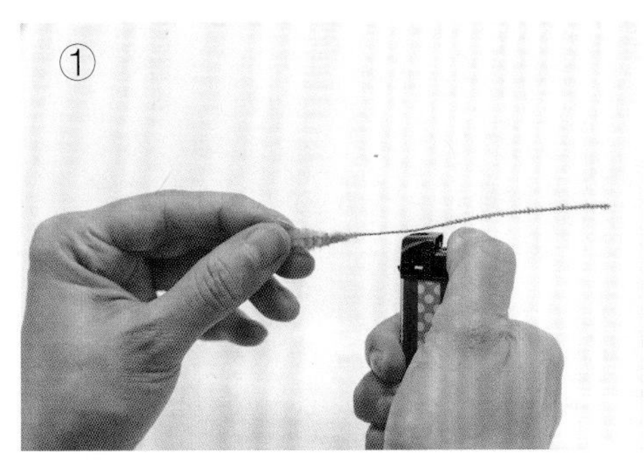

①

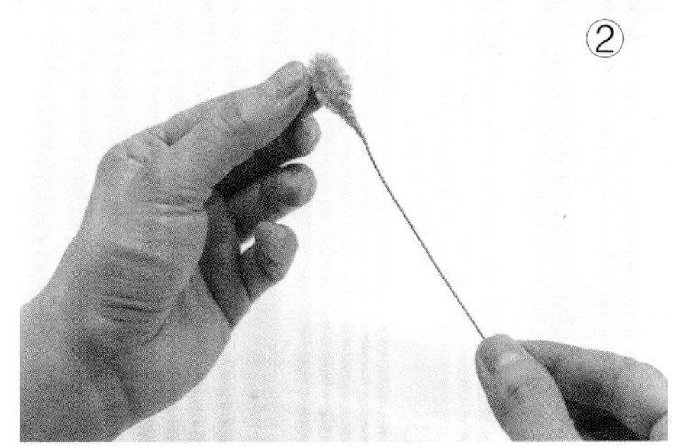

②

(8)如果修剪的装饰用扭扭棒上还有很多残留的绒毛,可以用打火机简单地烧一下,花杆就会很平滑了。

①

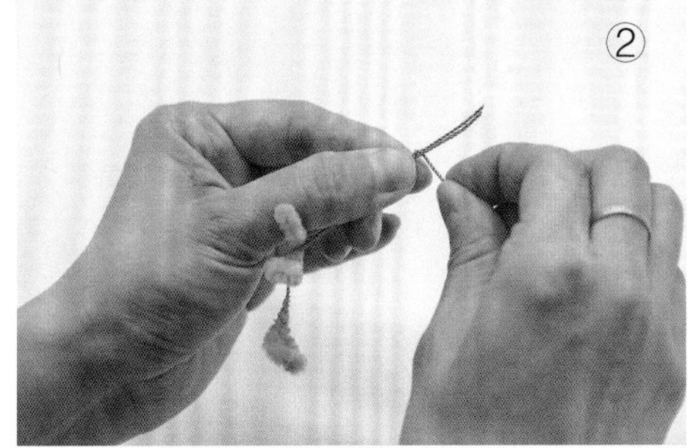

②

(9)将做好的装饰用扭扭棒缠绕在一起①,也可以用弹力线缠绕②。

(10)做好造型以后①,在需要连接的部分涂上酒精胶②(热熔胶也可以)。

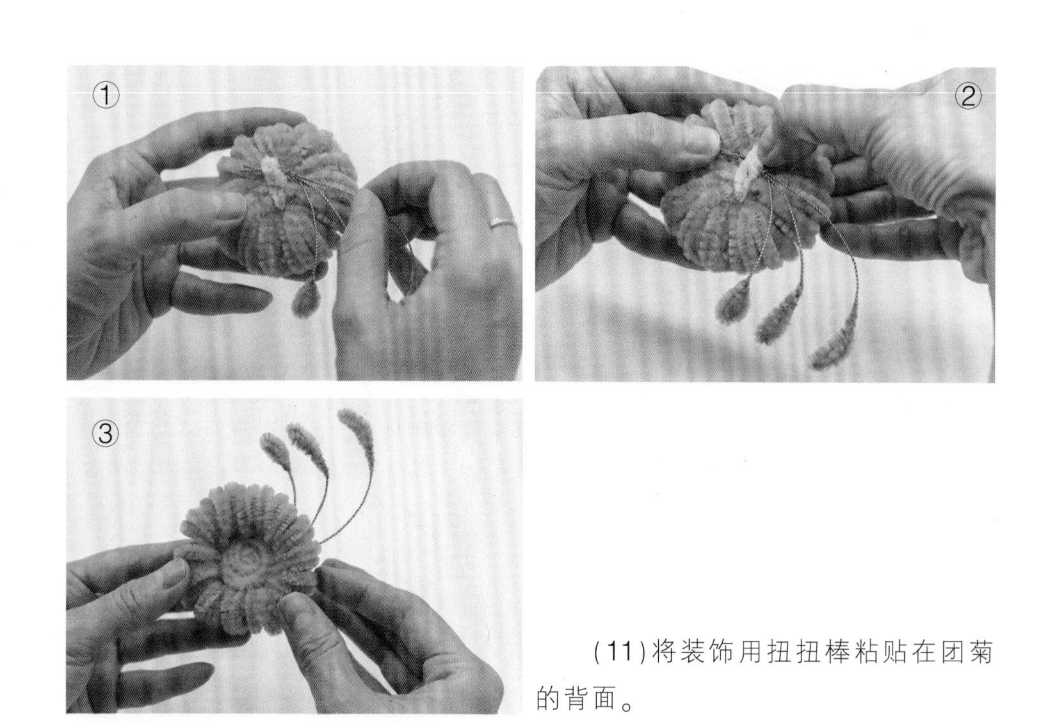

(11)将装饰用扭扭棒粘贴在团菊的背面。

★变化练习:利用扭扭棒的粗细变化进行内卷练习,还可以加入多种装饰,使完成后的作品更美观、更多彩。

（四）火红枫叶的制作

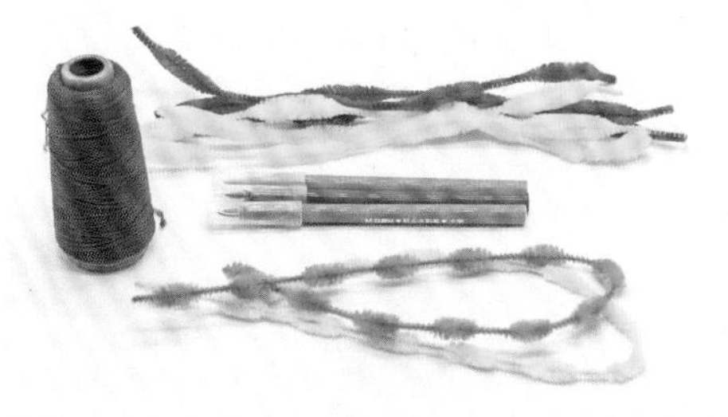

准备好需要用到的波浪扭扭棒和弹力线。

(1)将波浪扭扭棒两个为一组剪开，并分成段。

(2)将剪成段的波浪扭扭棒从中间对折。

(3)再将对折部分用力捏紧。

(4)整理形状。

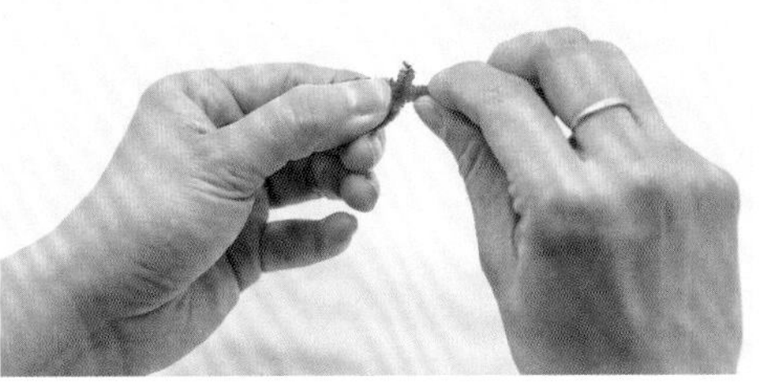

(5)将底端交叉扭紧。

(6)如图所示,制成 1 片叶子。

(7) 用同样的方法制作 5 片叶子,备用。

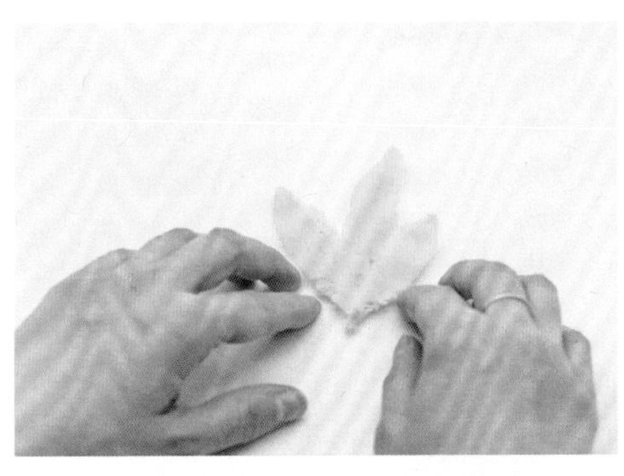

(8)可以准备小一些的黄色扭扭棒,制作 3 片叶子,以丰富作品的色彩。

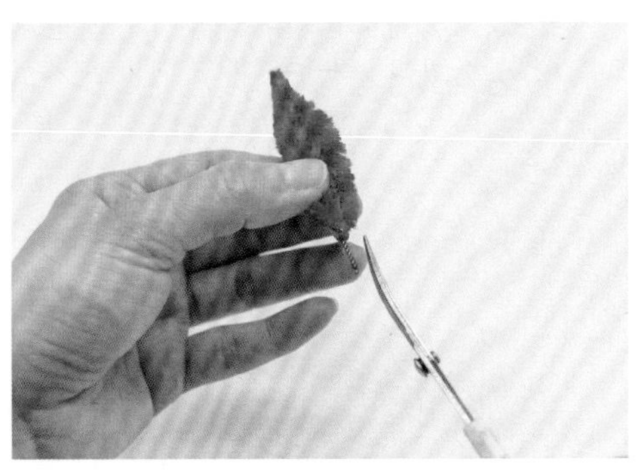

(9)修剪叶片的周边。

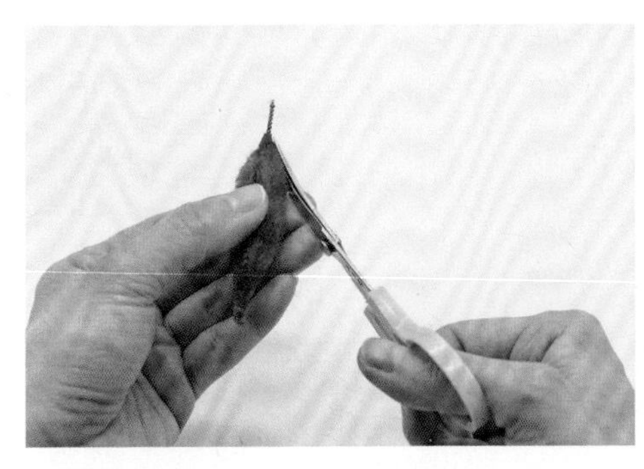

(10)修剪形状完成后,一片叶子就做成了。

(11)将所做的叶子都修剪好。

第三章

扭扭棒仿绒花制作

绒花传承至今，一直保持着其独有的工艺流程，更以其独特的技艺、丰富的题材在工艺美术界独占一枝。绒花用蚕丝与铜丝制作而成，工艺可谓精美复杂。下面，让我们用简单的扭扭棒手工来体验一下仿绒花的制作过程。

（一）多层单绕花发饰的制作

1.梅花发饰的制作(1)

准备好制作梅花所需的物品，如扭扭棒、花蕊、弹力线、手工花艺胶带、弯头剪刀和花杆铁丝。可以再准备不同类型的扭扭棒。

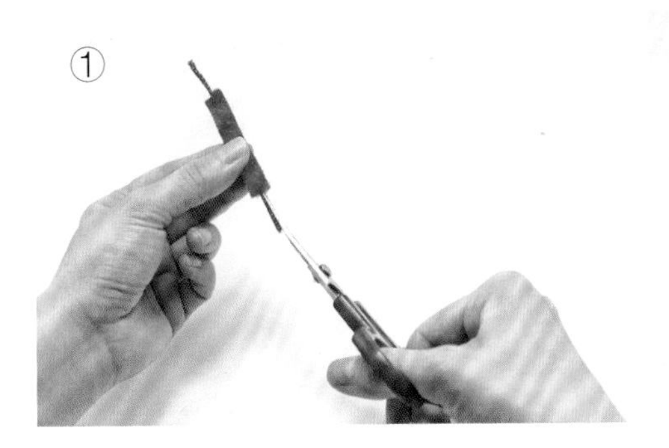

(1)将两头修剪后①，再进行打尖②。

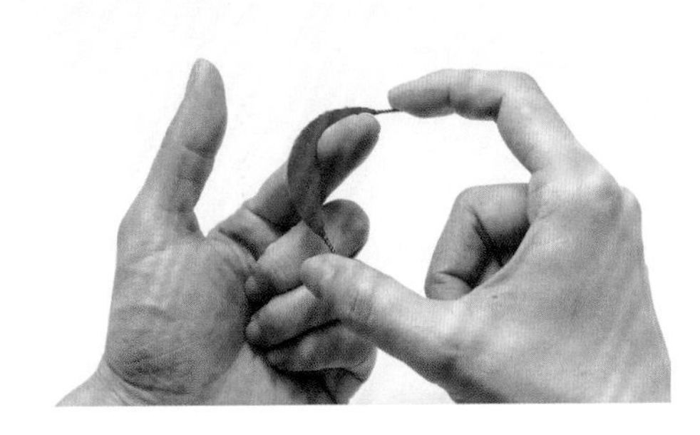

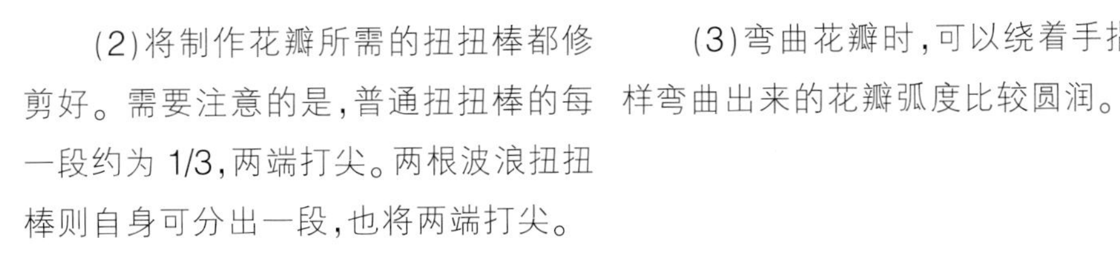

(2)将制作花瓣所需的扭扭棒都修剪好。需要注意的是，普通扭扭棒的每一段约为 1/3，两端打尖。两根波浪扭扭棒则自身可分出一段，也将两端打尖。

(3)弯曲花瓣时，可以绕着手指，这样弯曲出来的花瓣弧度比较圆润。

(4)扭紧根部,完成全部所需花瓣。

(5)用弹力线绑好花蕊和花杆后①,依次开始缠绕花瓣②。

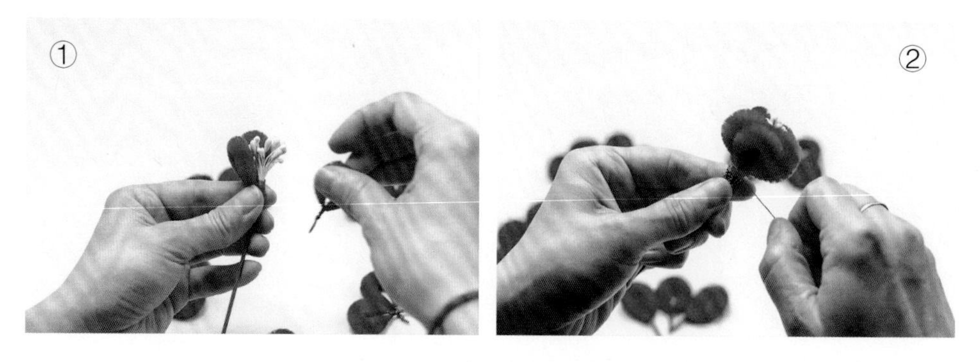

(6)将花瓣组合好①,再用弹力线将花瓣围绕花蕊缠紧②。

(7)调整花形。

(8)作品初步效果图。

(9)将花杆的部分用手工花艺胶带缠紧。

(10)多个花朵完成的效果图。

(11)将 1 枝单独的花杆做主枝。

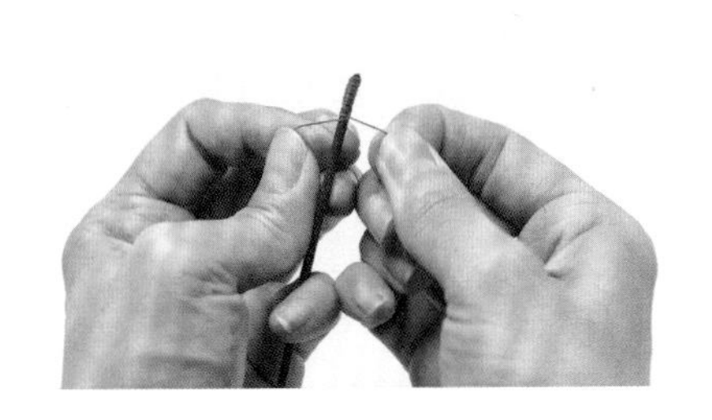

(12)顶端用弹力线缠紧。

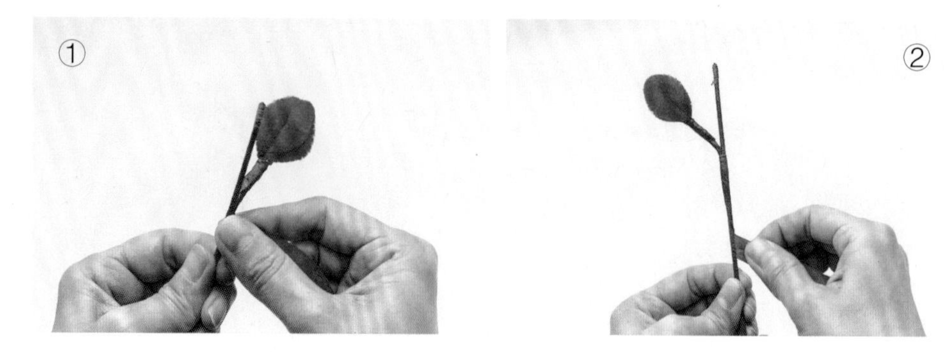

(13)把做好的花朵错落着用手工花艺胶带在花杆上缠紧。

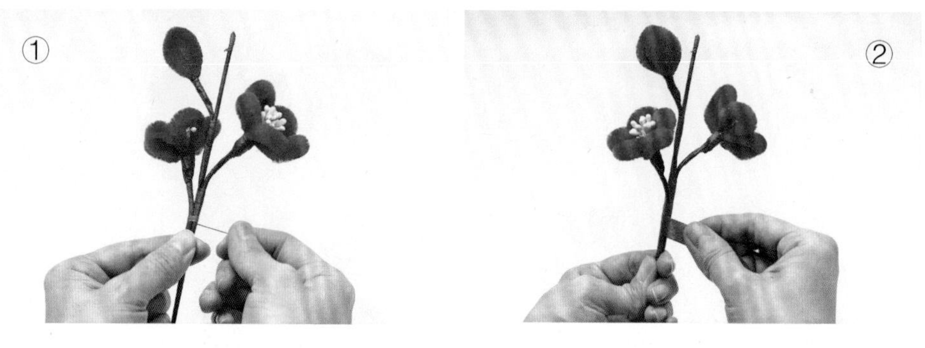

(14)为了使作品更结实,可以加用弹力线①或手工花艺胶带②来缠绕固定。

(15)注意,缠绕弹力线的部分要用手工花艺胶带覆盖,为的是美观。

(16)作品效果图。

2.梅花发饰的制作(2)

(1)准备好制作花瓣和叶子所需的扭扭棒。

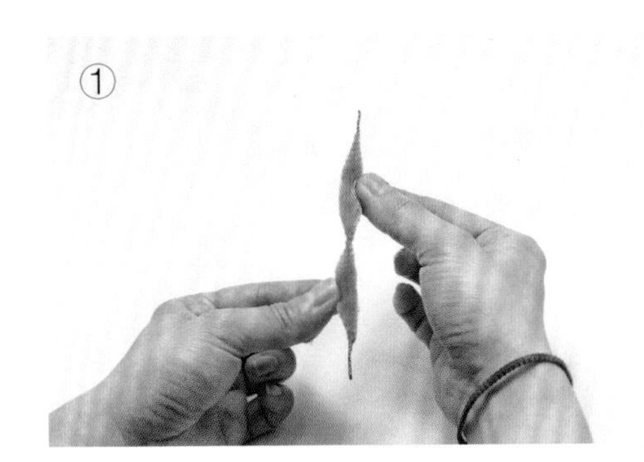

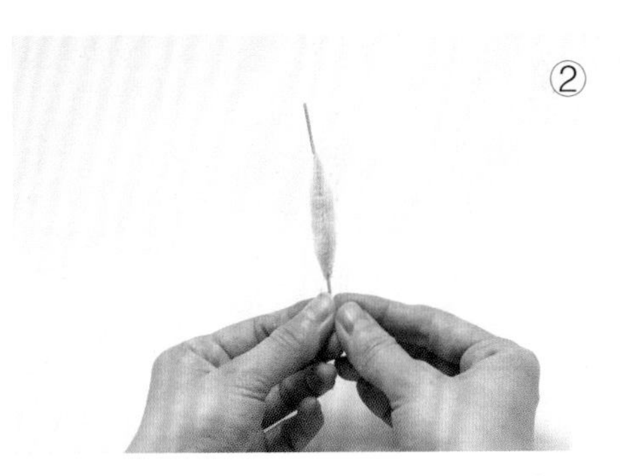

(2)修剪好形状,要注意能区分出叶子①与花瓣②。

(3)将叶子上下合一,扭好。

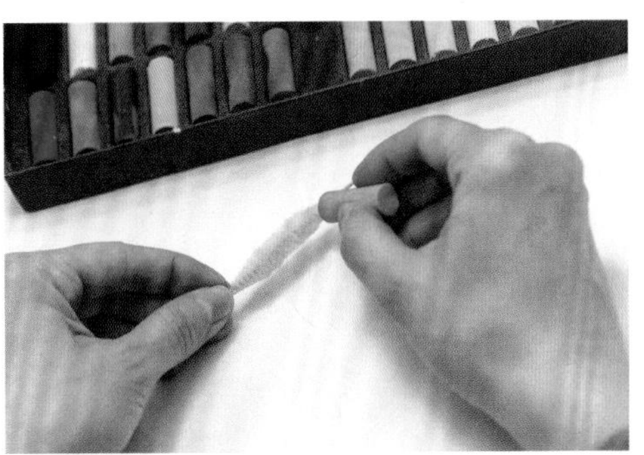

(4)用色粉给花瓣上色。可以使两端深或者中间深,注意色彩的渐变,也可以用多种颜色染色。

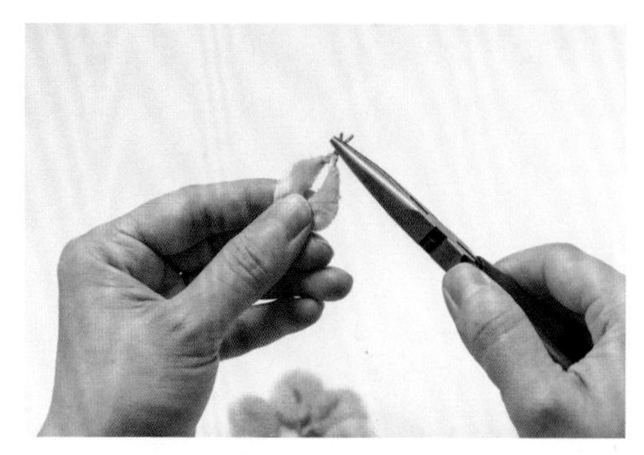

(5)随后修剪，制作花瓣。

(6)做好的花瓣(左)和花蕊(右)效果图。

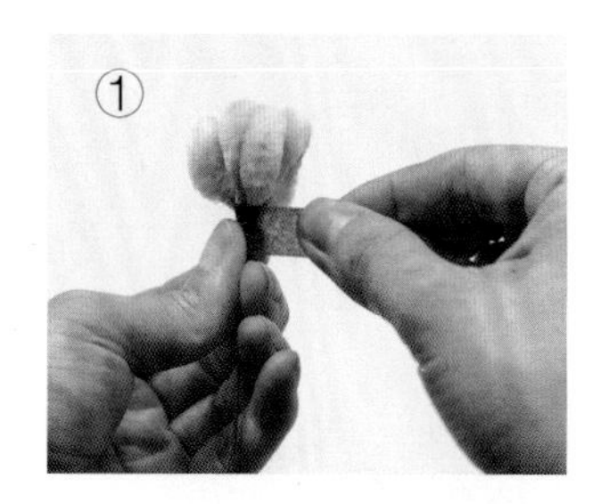

(7)将花瓣和花杆用弹力线缠紧后，用手工花艺胶带缠绕①。在手工花艺胶带缠绕的过程中整理花形②。最后可以加入叶子以丰富造型③。

(8)调整好花形后，即完成制作。

(二)仿绒花珍珠排的制作

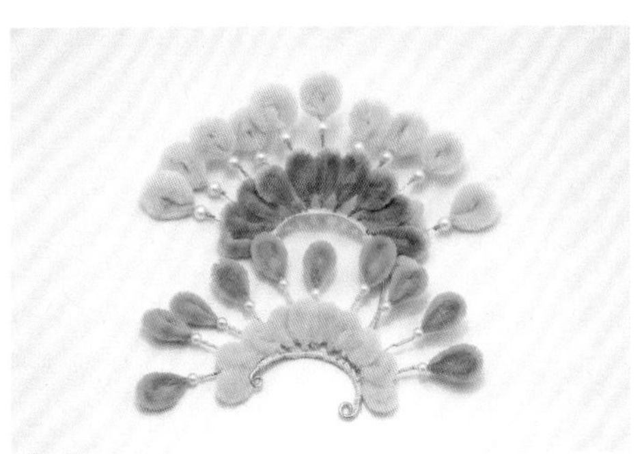

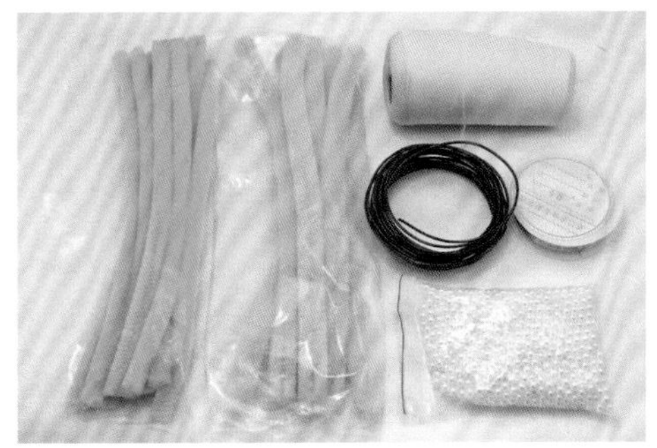

准备所需的材料与工具,包括两种颜色的粗扭扭棒、弹力线、铁丝(粗、细)和装饰珠。

1.制作短花瓣

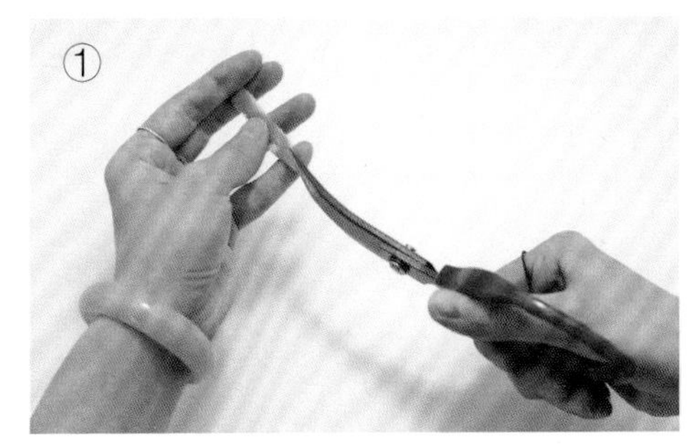

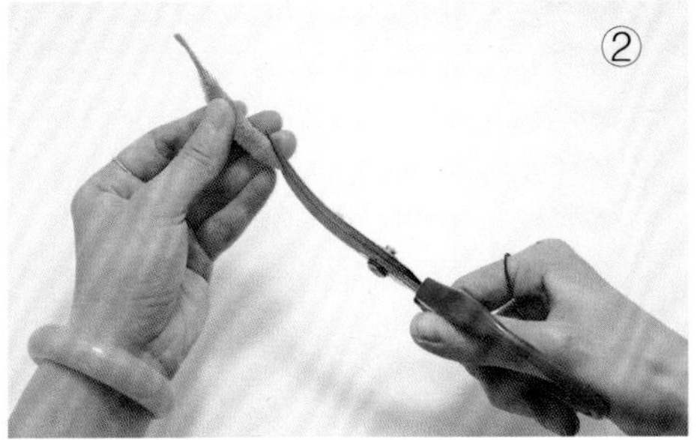

(1)剪出所需扭扭棒的长度(每一段约为扭扭棒的 1/3),然后,在后根部和尖部打尖。

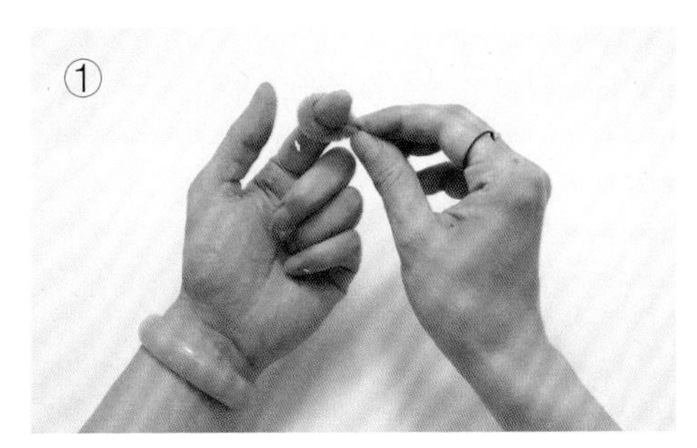

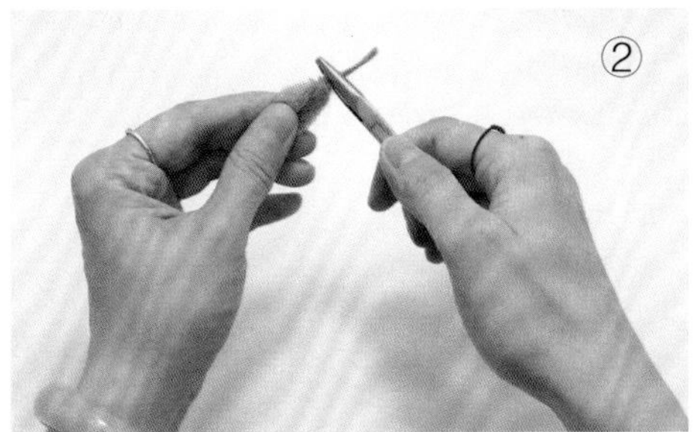

(2)将手指垫在扭扭棒中以便弯出弧度①,在根部扭紧,然后进行修剪②。

2.制作长花瓣

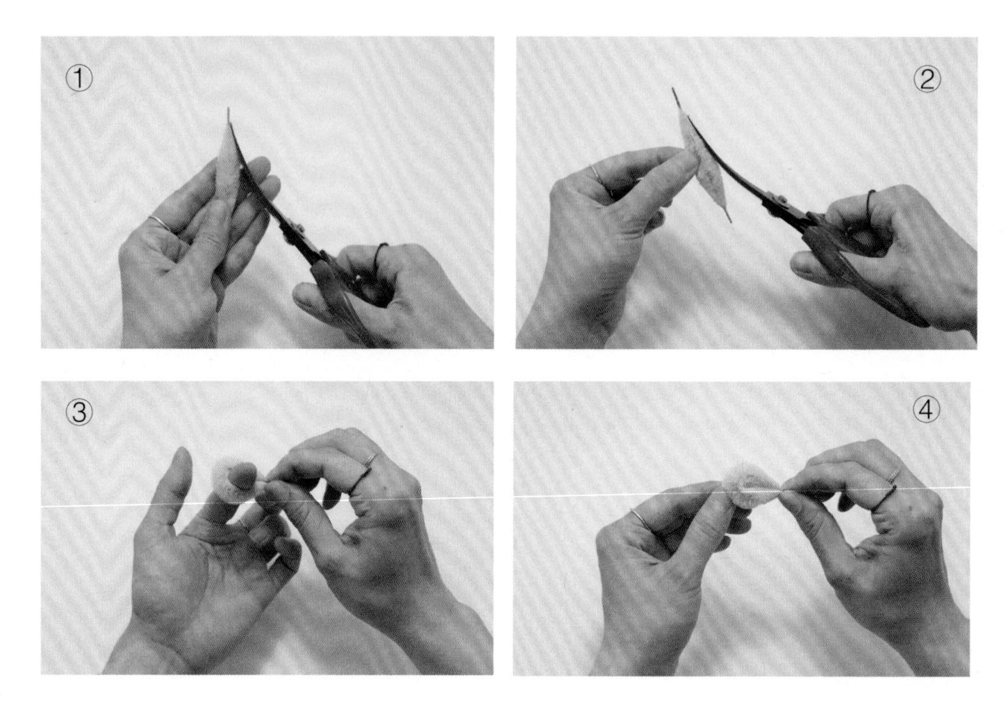

(1)修剪另一种颜色的扭扭棒①②,同样用手指垫在扭扭棒中③,制作长花瓣④。

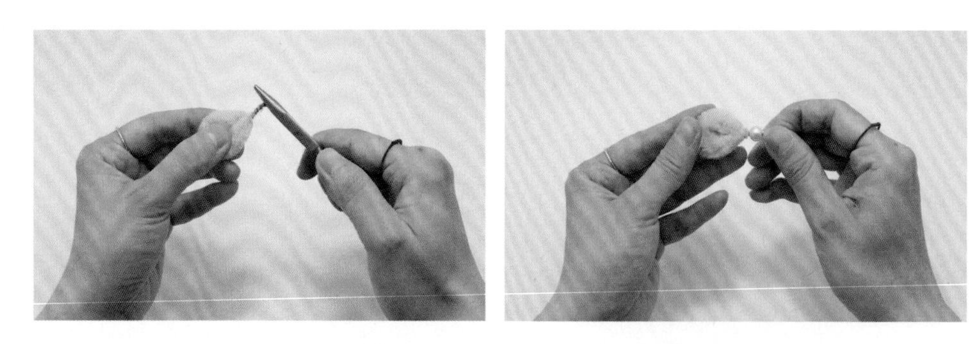

(2)修剪。

(3)穿上装饰珠。

(4)制作长、短花瓣的方法基本一样，但是制作长花瓣时，在根部穿入珍珠、用细铁丝缠绕后，必须扭紧。

3.制作花排

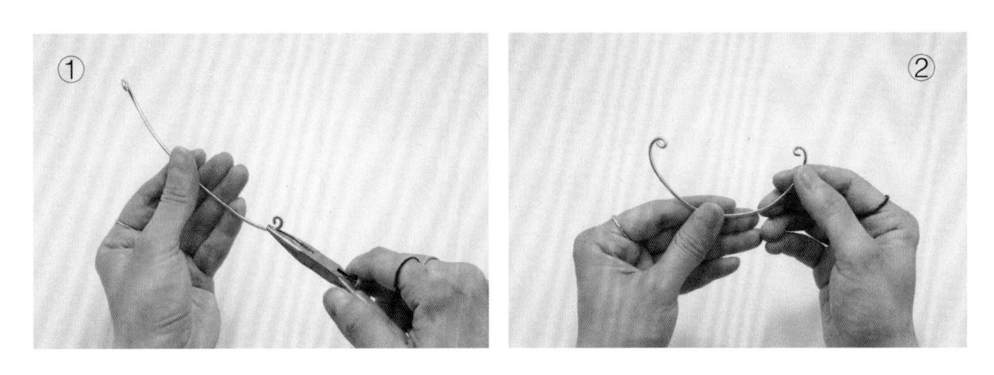

(1)用粗铁丝弯出花排的基础形状。

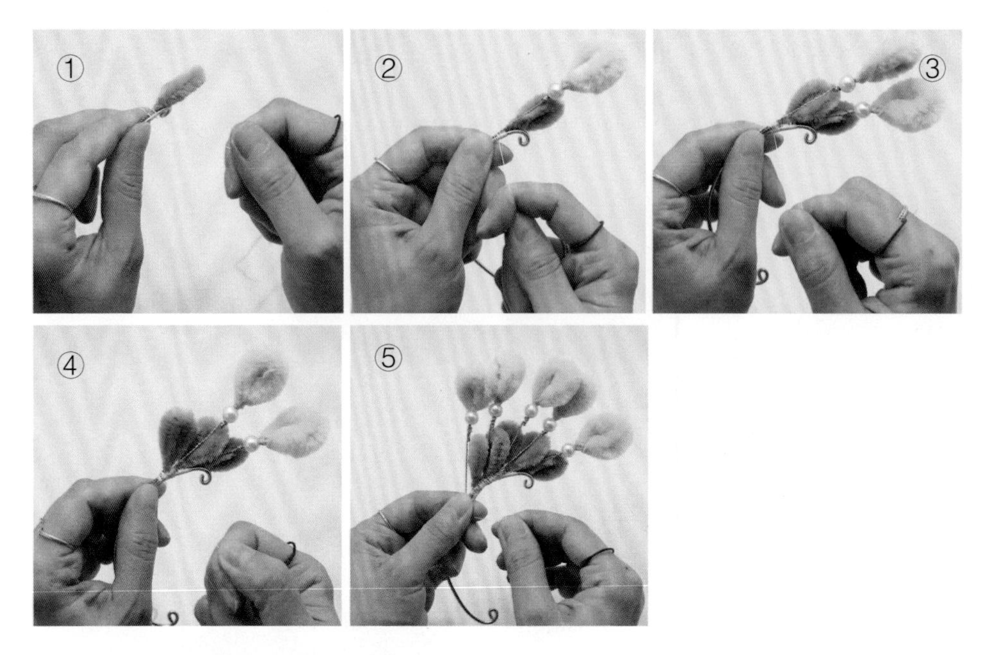

(2)将花瓣按长短依次用弹力线在花排基础形上缠紧,缠的时候应注意长短相间。

(3)全部缠完后,还可以根据自己的需要加入一些其他的装饰。上图为作品效果图。

(三)兰草的制作

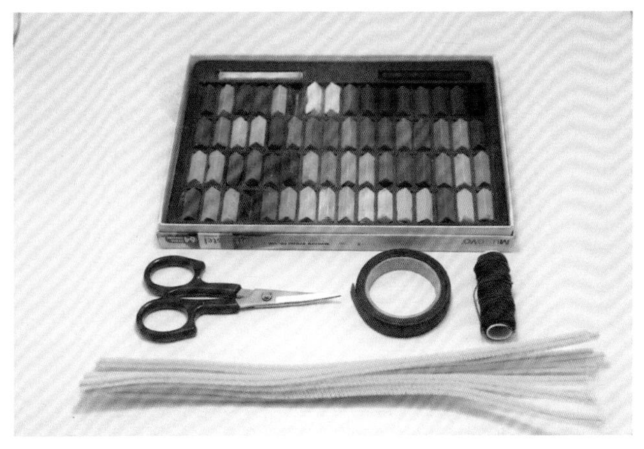

准备所需的材料与工具,包括色粉、弯头剪刀、手工花艺胶带、弹力线和扭扭棒。

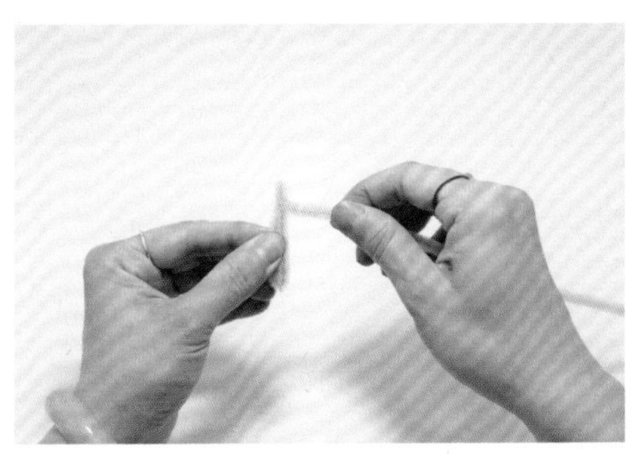

(1)将扭扭棒从头向下折一小段。

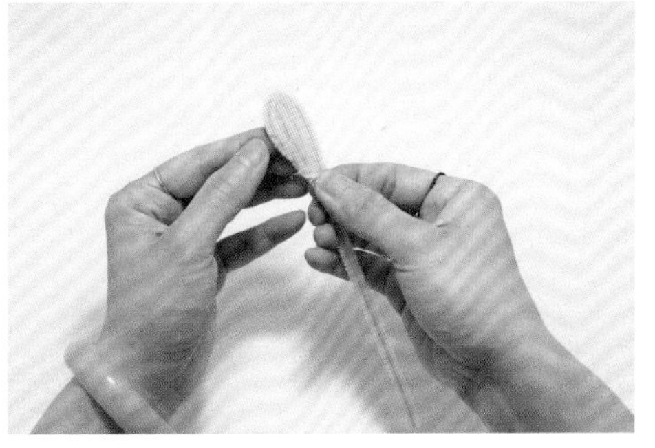

(2)从短的部分开始绕几圈。

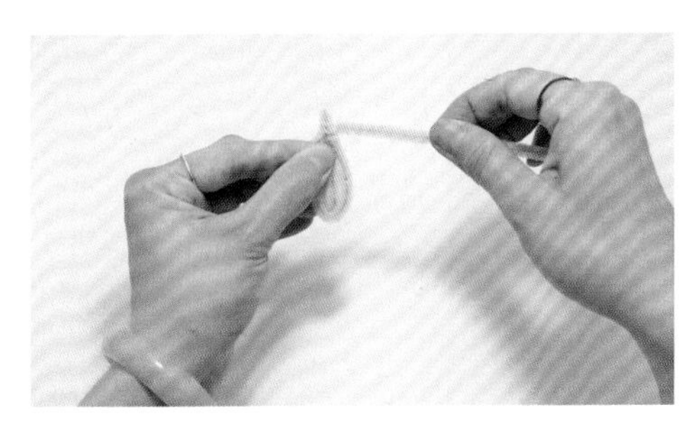

(3)缠绕到根部时,横向缠一圈,并拉紧。

(4)将其两端绕到根部,交叉并扭到一起。

(5)在其外围再绕1根扭扭棒,以扩大花瓣。

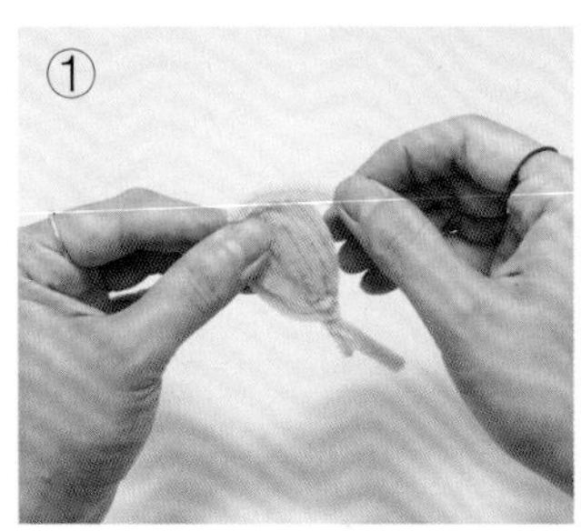

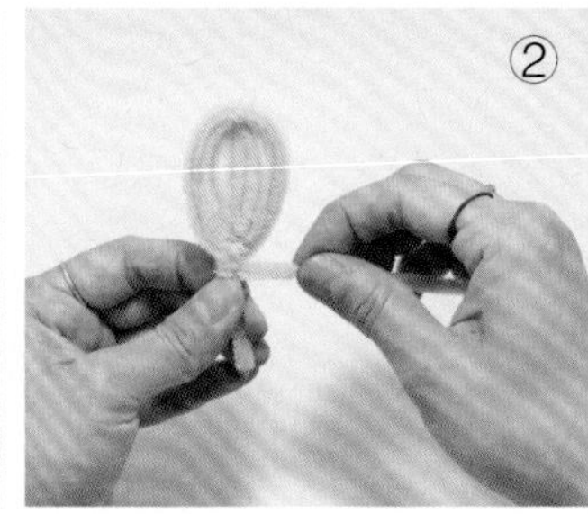

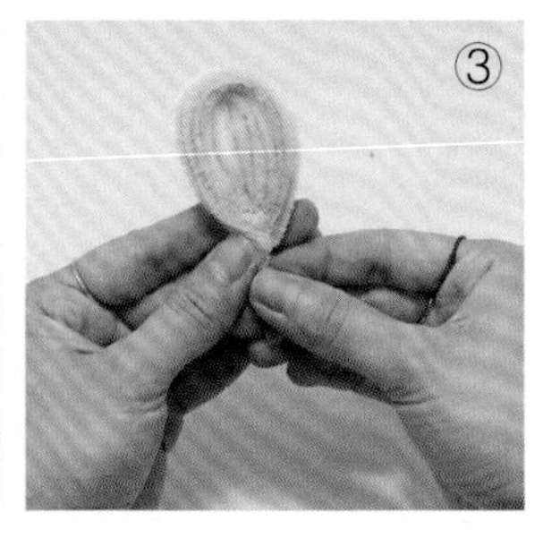

(6)将底部绕紧,再调整花瓣的外形。

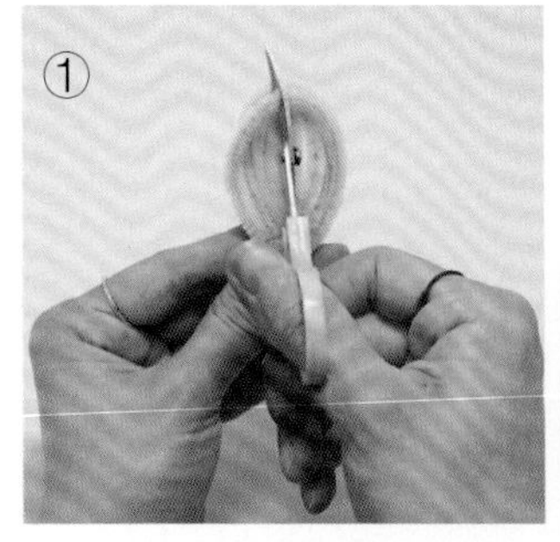

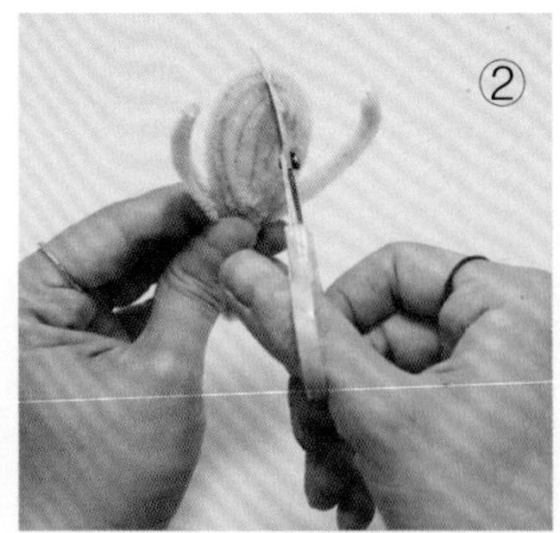

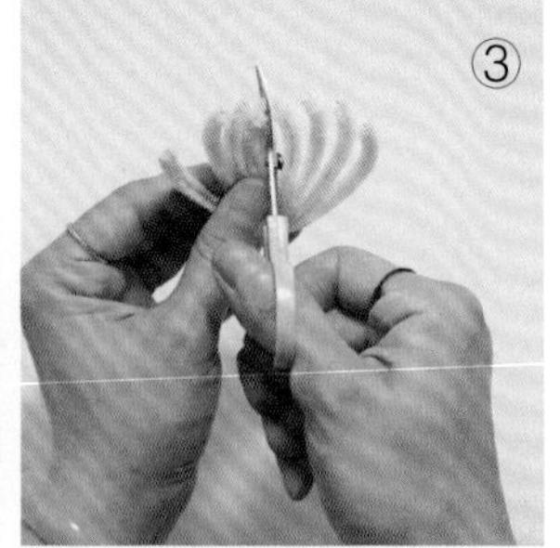

(7)由外向内将扭扭棒从中间对折,依次剪开。只留中间部分不剪断。

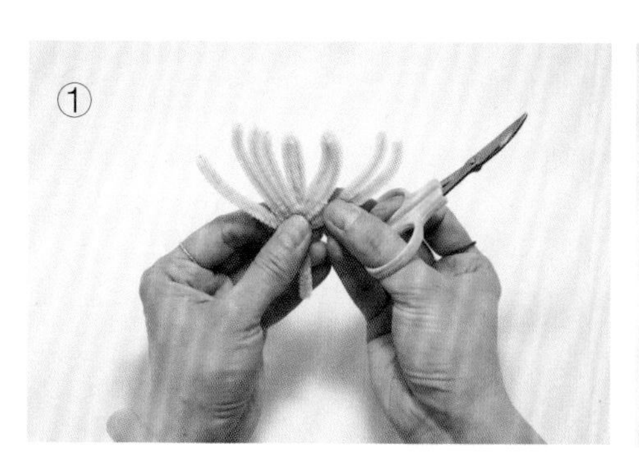

(8)将花瓣展平，然后修剪成扇形。

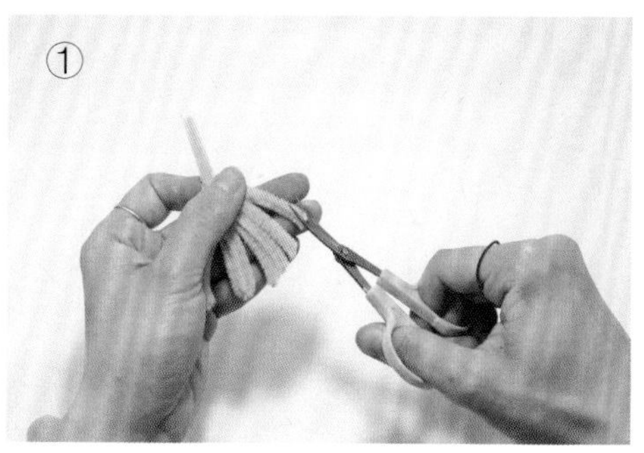

(9)把修剪后的扭扭棒前端打尖①，然后再修剪好形状。这种方法也适用于制作树叶。

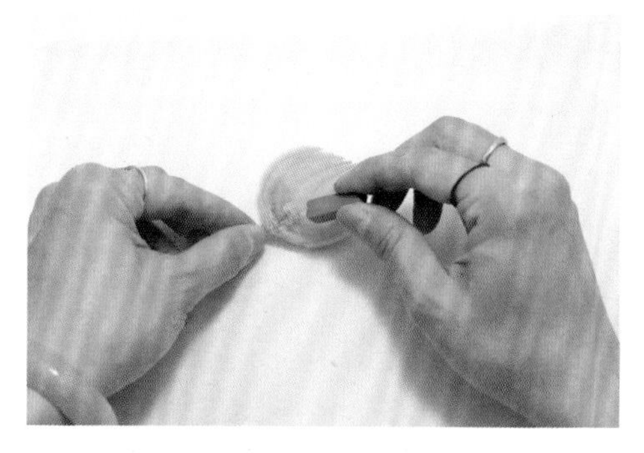

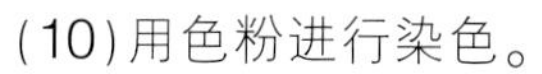
(10)用色粉进行染色。

(11)染色后效果图。

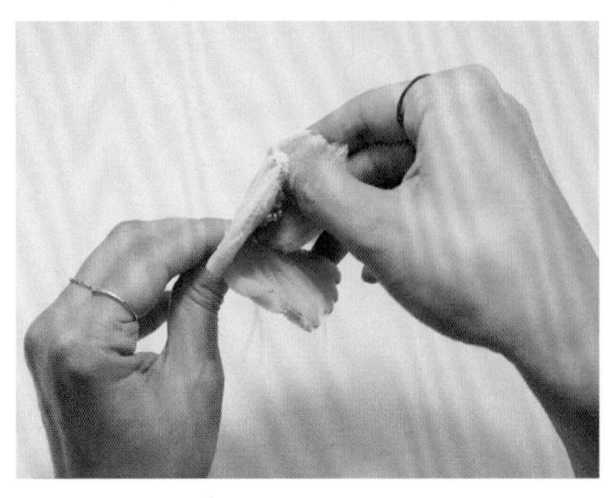

(12)每 3 片花瓣为一组。

(13)将这组花瓣围绕着花蕊摆放，底部用弹力线绑紧。

(14)依次做出所需的花朵。

(15)作品初步效果图。

(16)将花朵固定在花杆铁丝上，用弹力线绑紧。

(17)用手工花艺胶带将花杆缠紧，目的是遮盖弹力线的痕迹。

(18)用弹力线将第二个花朵与第一个花朵错落地缠在花杆上。

(19)用手工花艺胶带缠绕遮盖。

(20)将第三个花朵也错落地缠在花杆上。然后用手工花艺胶带遮盖。

(21)作品效果图。

（四）竹叶的制作

按图准备工具和材料。

（1）用波浪扭扭棒制作叶子。

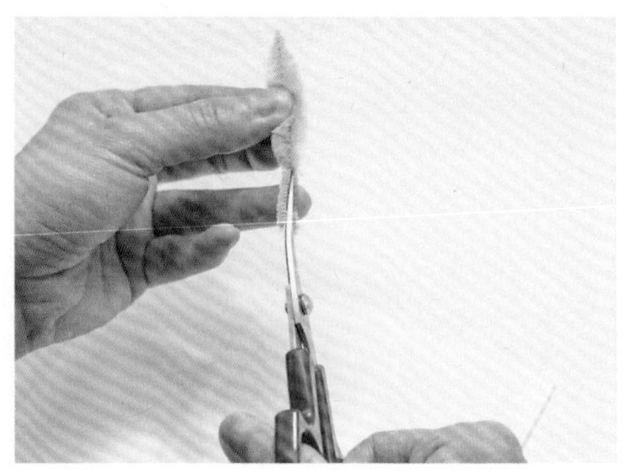

（2）用剪刀将波浪扭扭棒根部的绒毛修剪掉，只留花杆铁丝部分。

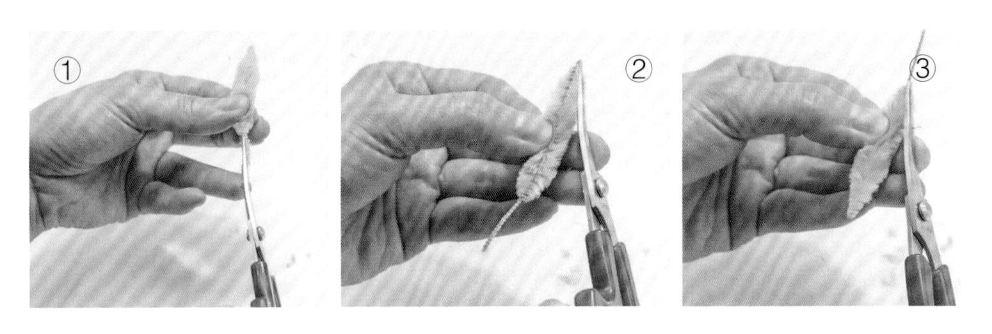

(3)将其两端成斜线修剪成叶片的形状。

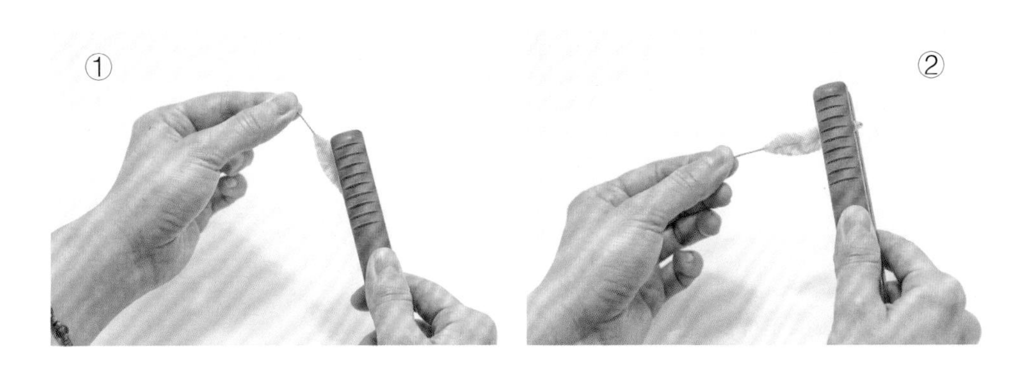

(4)用电热夹板将叶片夹住、烫平。

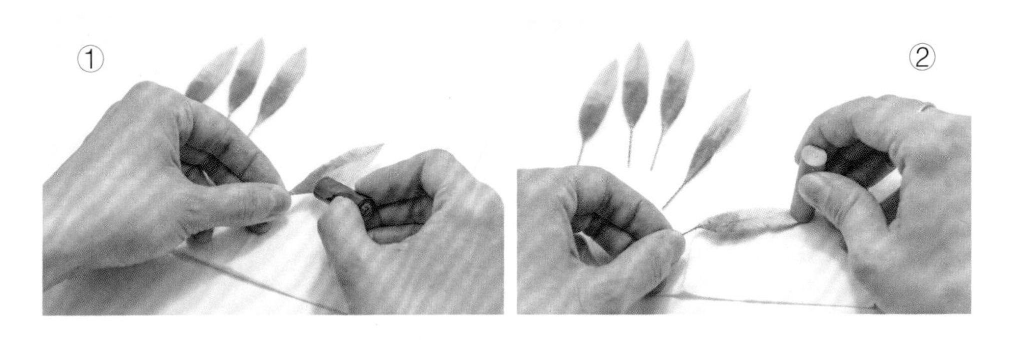

(5)用彩色粉笔给叶片上色，可以有深浅或多色的变化。

(6)上色完成后，将所有的叶片和配饰进行排列，为下面的整体制作做好准备。

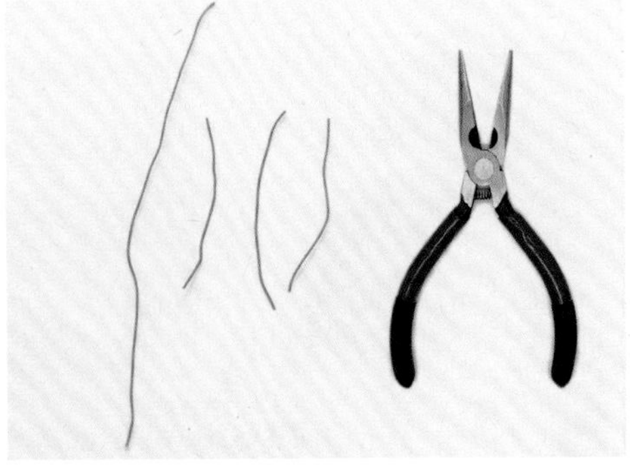

(7)准备好长短不一的花杆铁丝和手工钳。

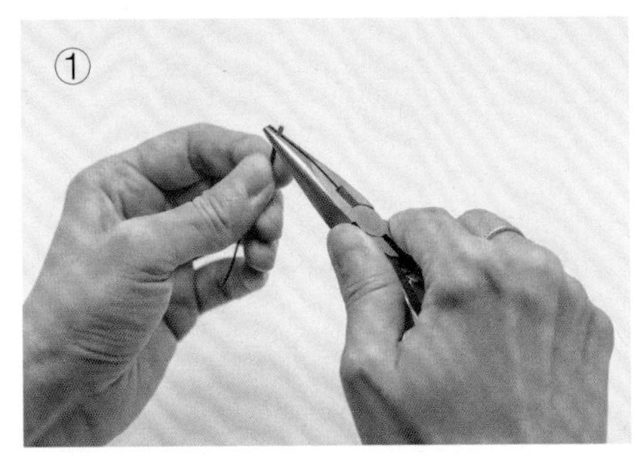

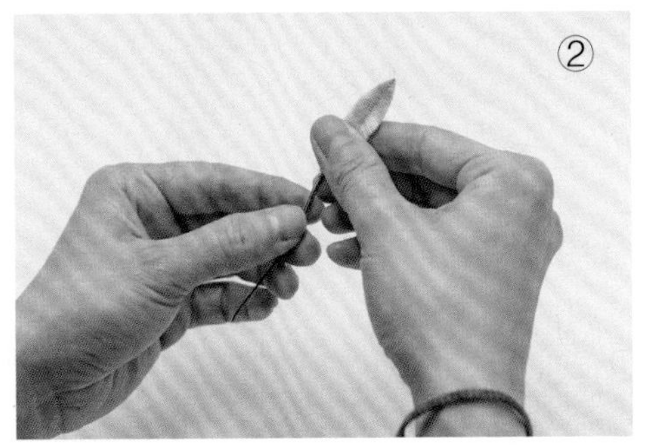

(8)将短花杆铁丝和叶片用弹力线缠在一起并固定好。

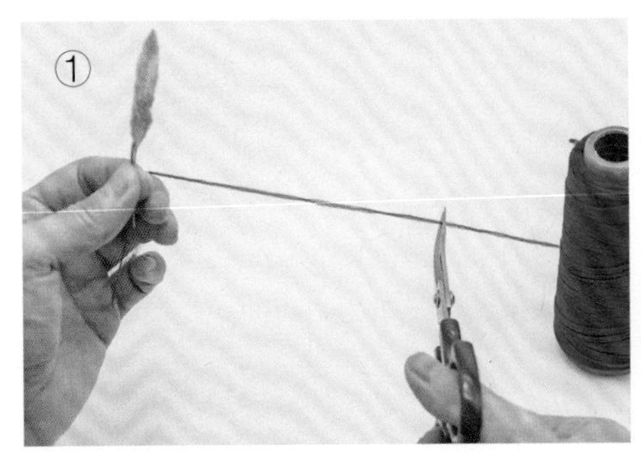

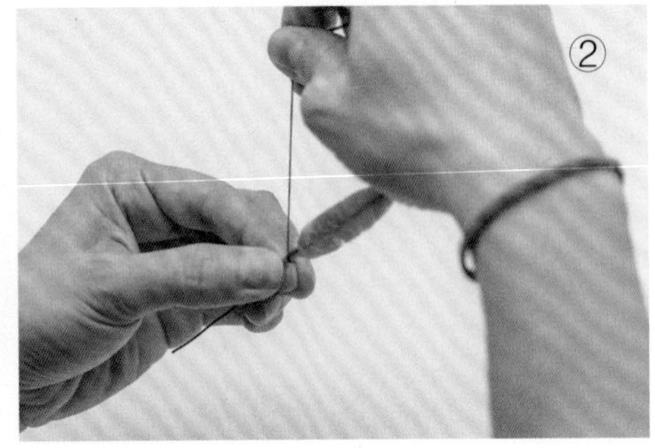

(9)将叶片用长花杆铁丝进行缠绕组合。

(10)注意叶片的排列要有大小与高低的变化,这样才会让组合显得更加生动、漂亮。

(11)将叶片分组缠绕好,就可以进行下一环节的制作。

(12)将叶片组合起来,然后用弹力线缠绕成一个主体。

(13)调整好叶片的分布，注意不要太紧凑。

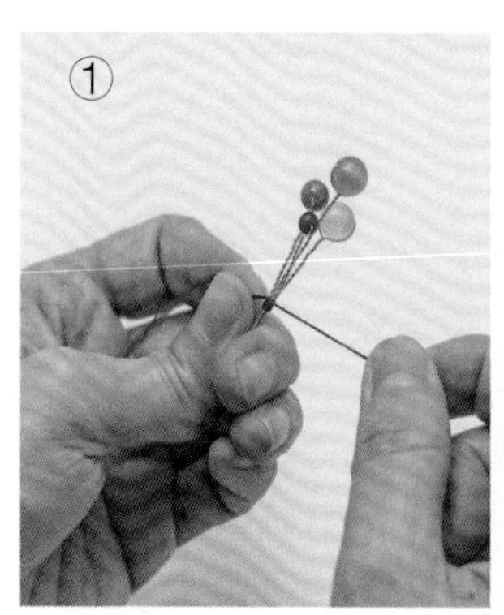

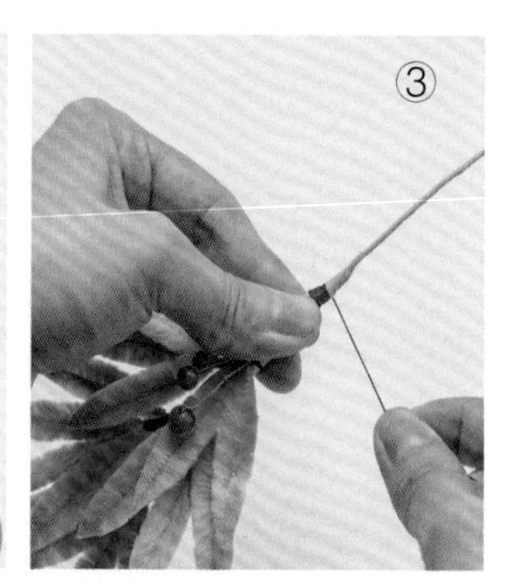

(14)用装饰珠做出所需的装饰后①，将露出的花杆部分用手工花艺胶带缠紧②，再用弹力线从根部到杆头缠一遍进行固定③。

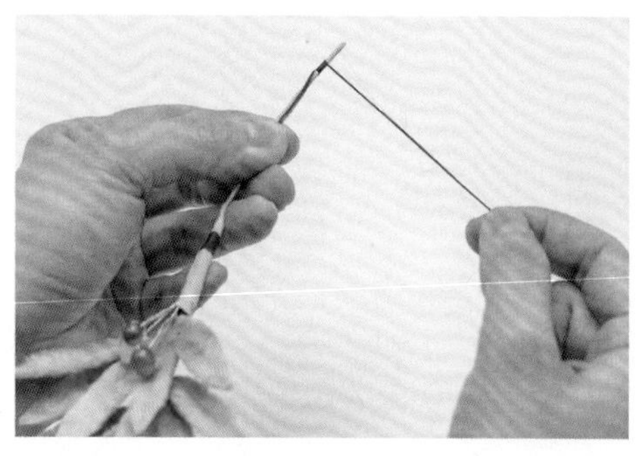

(15)也可多缠几遍，这样会使花杆更结实。

(16)作品效果图。

(五)昙花的制作

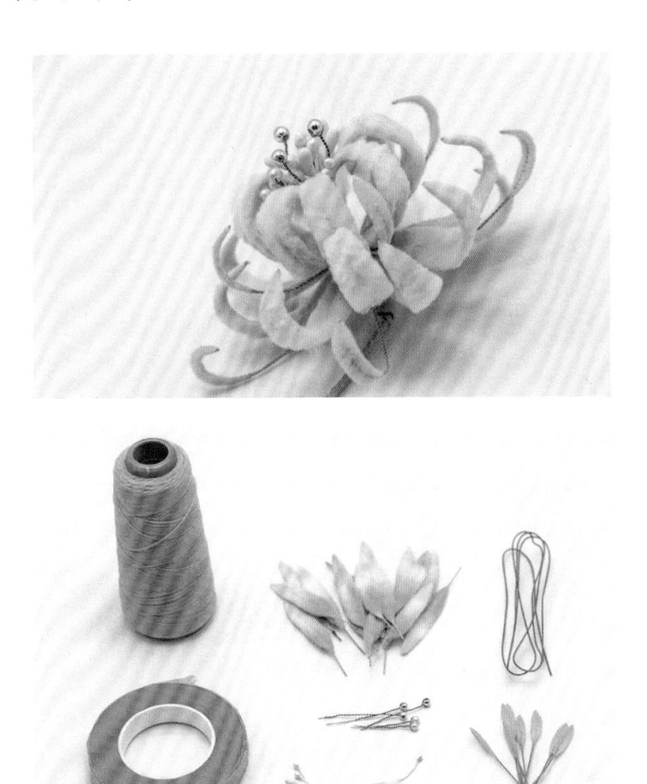

按图准备所需的材料。

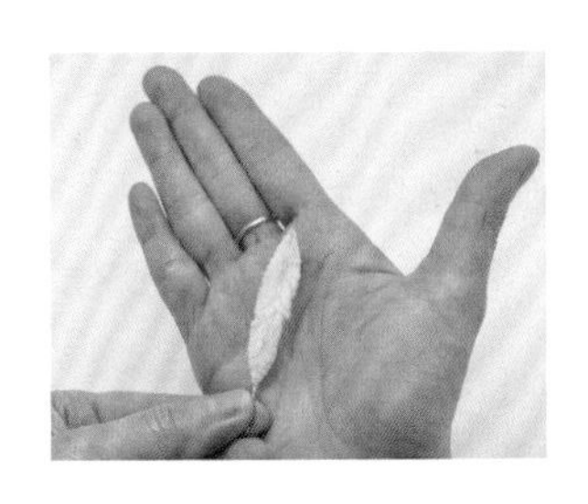

(1) 将波浪扭扭棒修剪好。

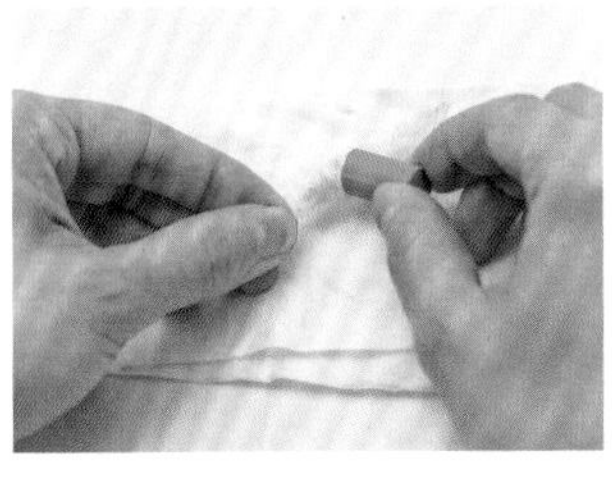

(2)将修剪好的波浪扭扭棒下段染上深色。

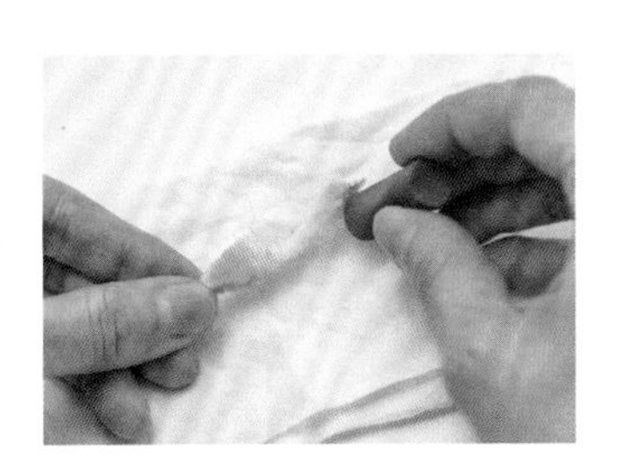

(3) 将波浪扭扭棒上段染上浅色。

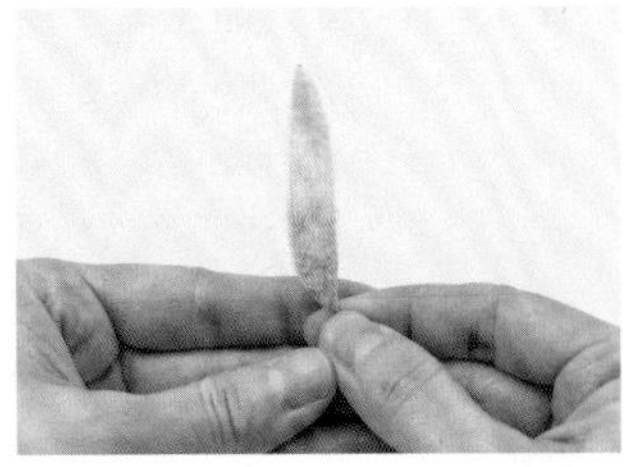

(4) 染好色的波浪扭扭棒效果图。

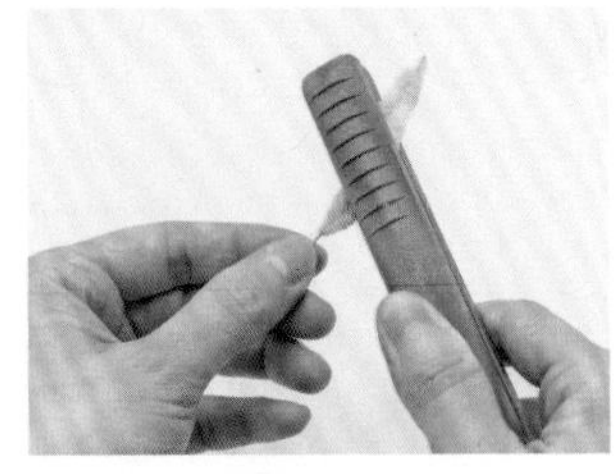

(5)用电热夹板烫平。

(6)修剪好形状。

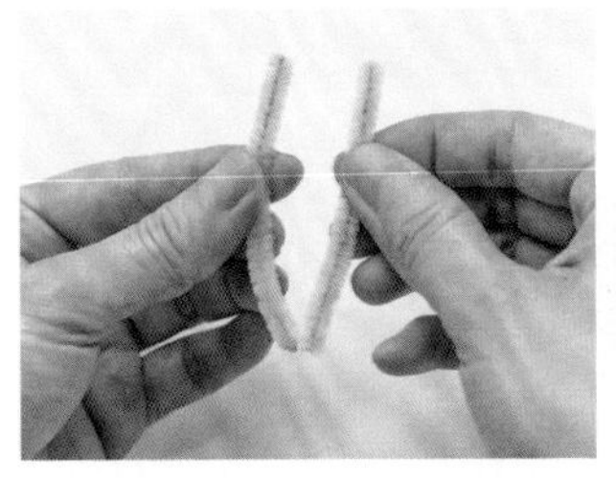

(7)将扭扭棒对折起来,剪为2段。

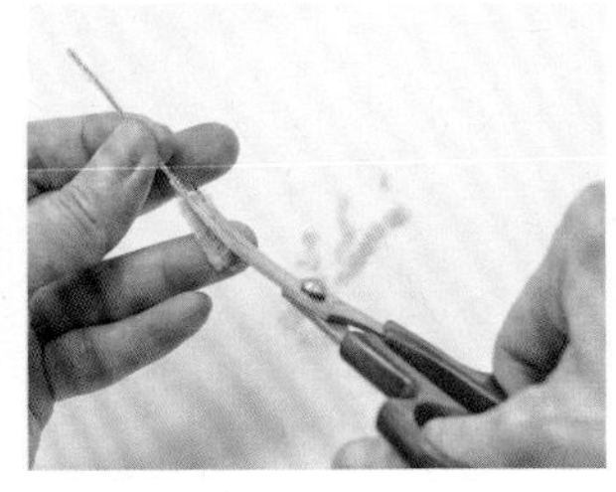

(8)留出一小段,其余剪去扭扭棒上的绒毛。

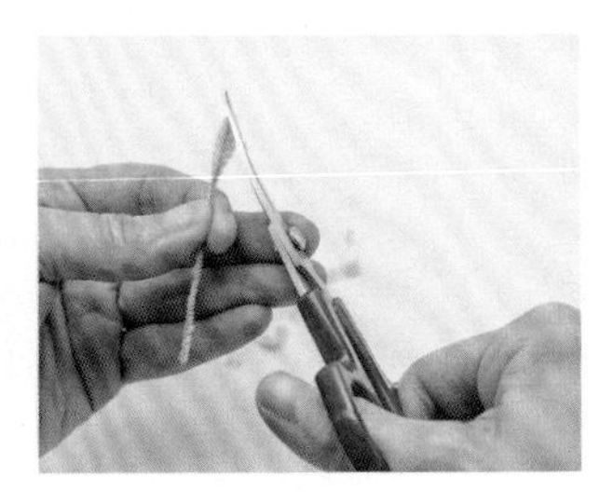

(9)将留下的一小段前后打尖成水滴形。

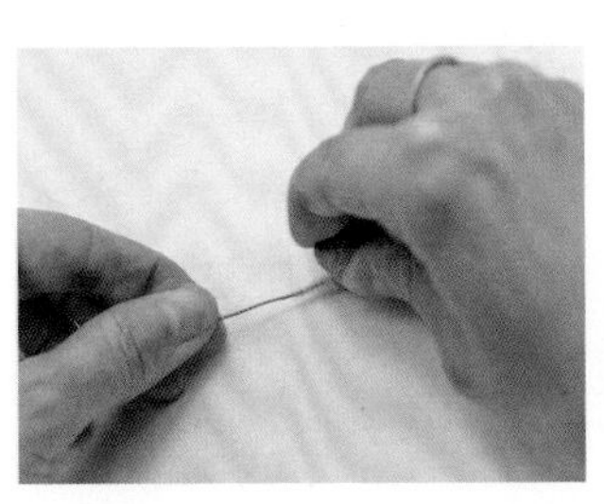

(10)染色。

(11)烫平。

(12)整形。

(13)重复以上制作，用染色、烫平和整形的方法做好若干叶片。

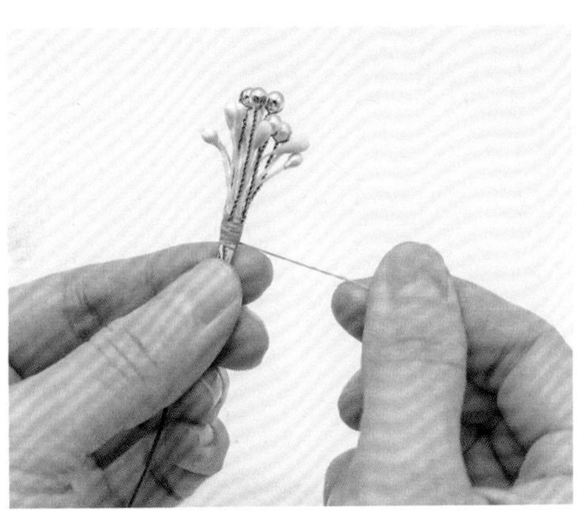

(14)将花蕊与花杆用弹力线绕紧。

(15)由内向外，由短到长，分层包围在花蕊外层。

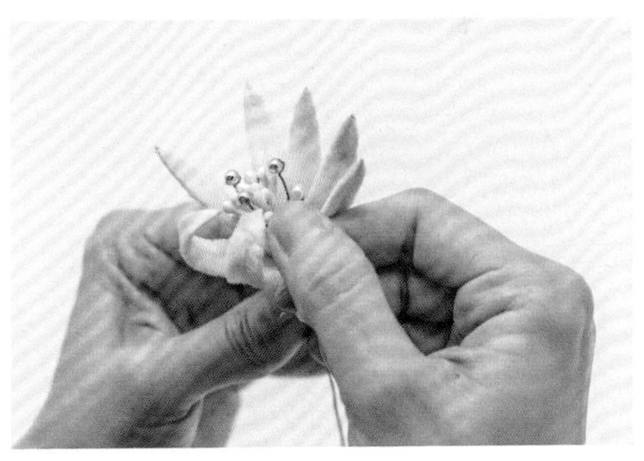

(16) 将叶片顶端逐一向花蕊方向弯折。

(17)调整形状。

(18)在第一层外侧加入叶片装饰。

(19)用弹力线缠紧。

(20)调整好形状。

(21)在第二层加入叶片。

(22)接下来在根部用弹力线缠紧。

(23)调整好第二层叶片的形状。

(24)在第二层加入叶片进行装饰。

(25)用手工钳修剪。

(26)调整形状。

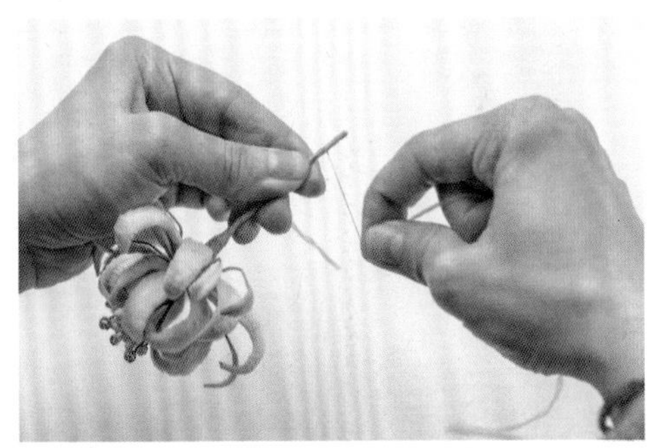

(27)将花杆部分用弹力线缠紧。

(28) 用手工花艺胶带将花杆部分缠紧。

(29)用手工钳调整好花头的方向。

(30)作品效果图。

(六)花形变形的拓展制作

(1) 将波浪扭扭棒两头打尖。

(2)将其对折,绕在一起,形成一个水滴状的花瓣。

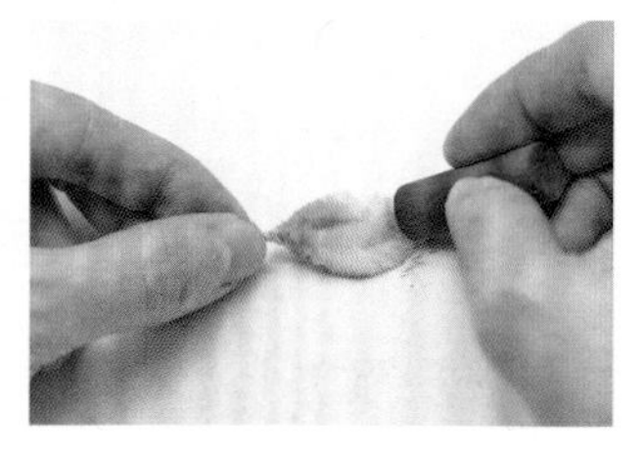

(3)用色粉上色。

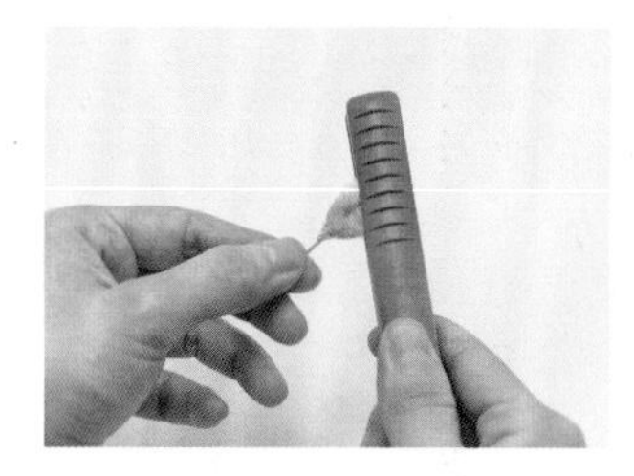

(4)用电热夹板烫平。

②

(5)按照分层顺序调整花瓣后,用弹力线缠紧,即完成作品。

(七)染色山茶的制作

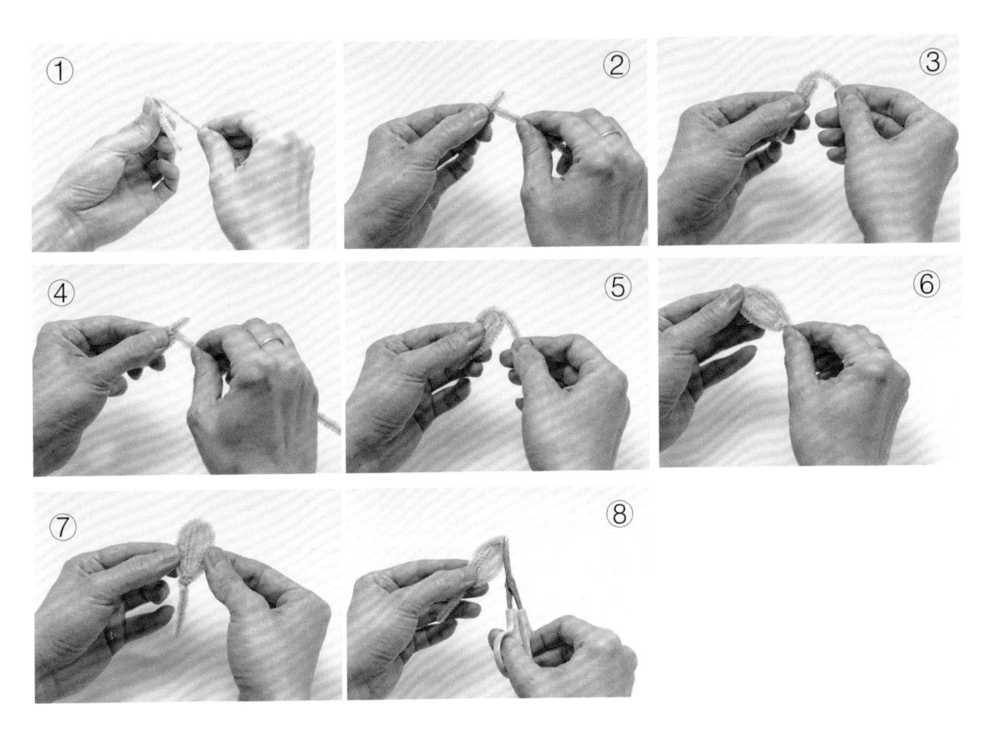

(1)如图所示做出花瓣后①~⑤,将花瓣的顶端捏尖⑥,边缘捏实⑦,用剪刀修剪整齐⑧。

(2)修剪花瓣，再将根部的绒毛修剪干净。以此方法做出若干片花瓣。

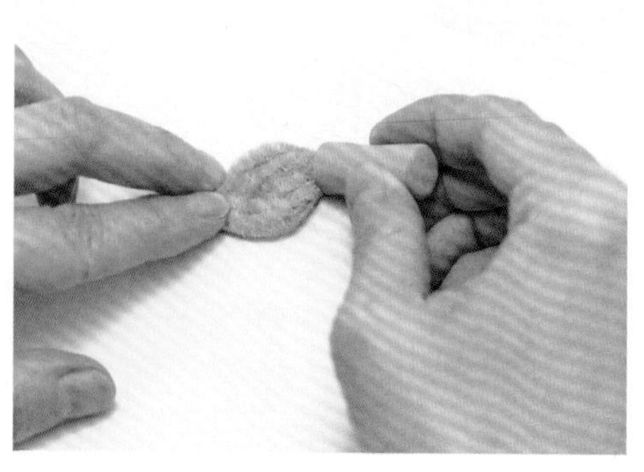

(3)对花瓣进行染色，先淡淡地涂上一层颜色。

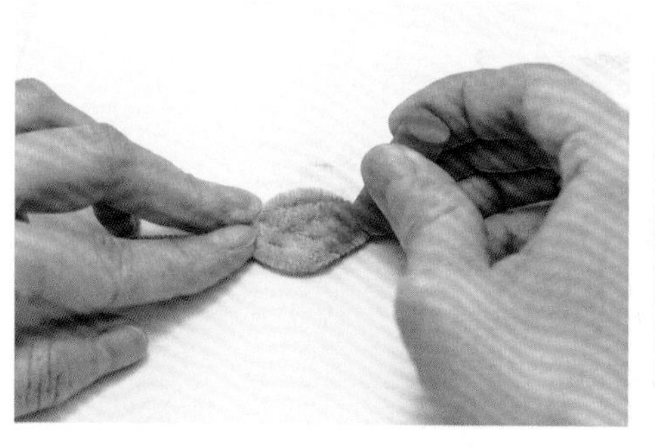

(4)然后将顶端重涂。

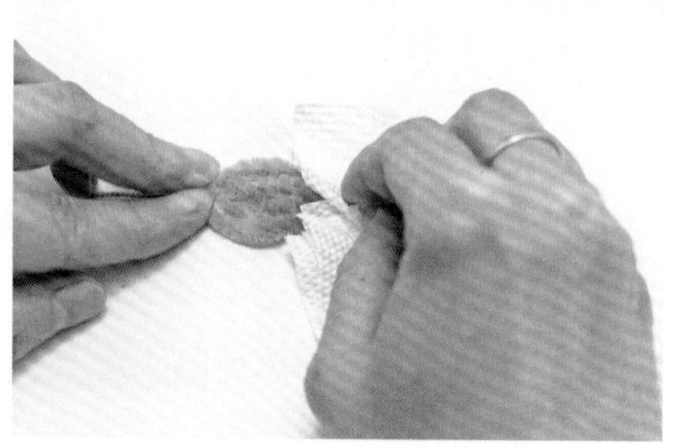

(5)随后用纸巾擦去浮色，擦时由深至浅，直到出现渐变的效果。

(6)将所有花瓣染色。

(7)准备好花蕊、弹力线、手工花艺胶带、花杆铁丝和一些需要的装饰物。

(8)还可以选择如图所示的其他材质花蕊。

(9)用弹力线将几个花蕊缠绕成一簇。

(10)用手工花艺胶带将其固定。

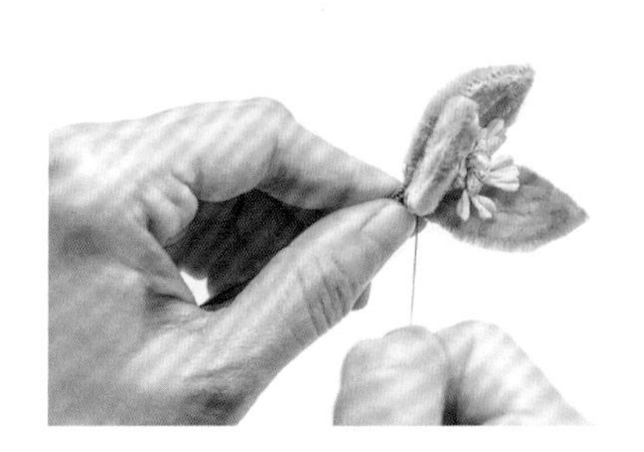

(11)用花瓣围绕花蕊。

(12)用手工花艺胶带将其固定。

(13) 将第二层花瓣紧贴着第一层花瓣摆放好。

(14)根部用弹力线缠紧。

(15) 将第二层花瓣向内压出弧度后,调整花形。

(16) 将第三层花瓣紧贴第二层花瓣摆放好。

(17)根部用弹力线缠紧。注意多缠几圈。

(18)将第三层花瓣向内压出弧度,调整好花形。

(19)在花杆处用手工花艺胶带缠紧。

(20)作品效果图。

(八)双尖花瓣簪的制作

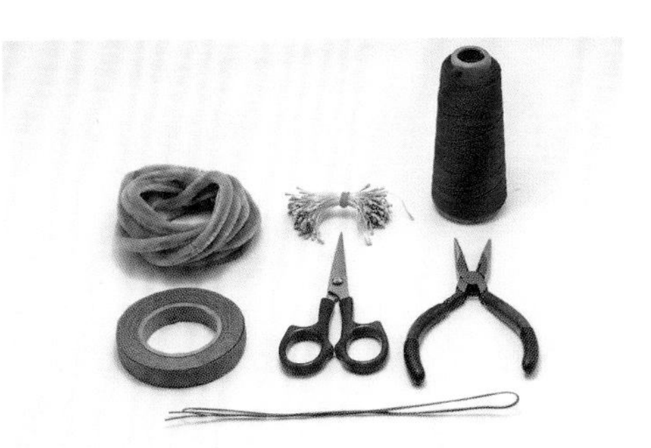

(1)准备所需的工具和材料。

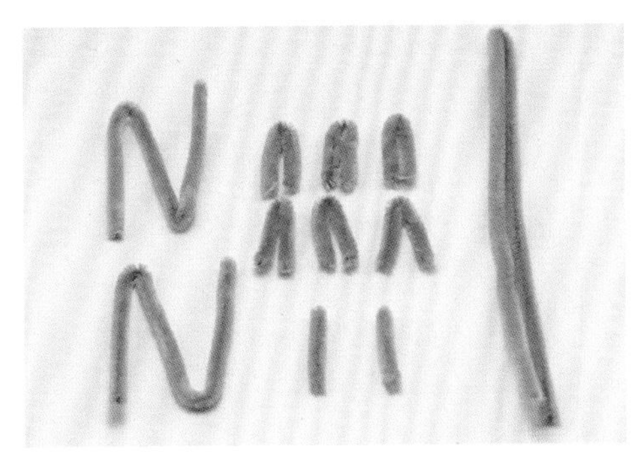

(2)准备不同长短的扭扭棒。

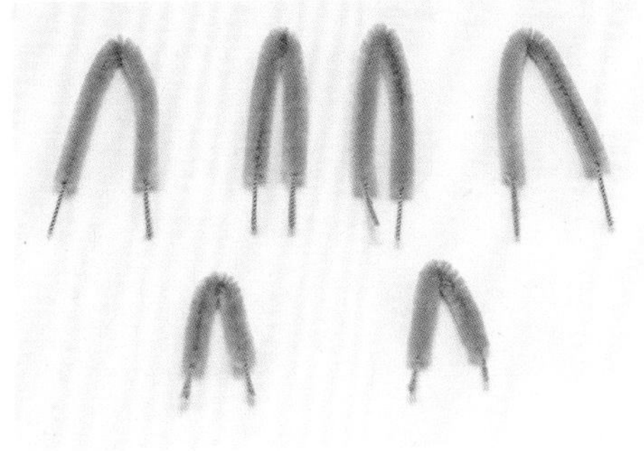

(3)将扭扭棒修剪出所需要的形状,长为 1/2 段,短为 1/3 段。

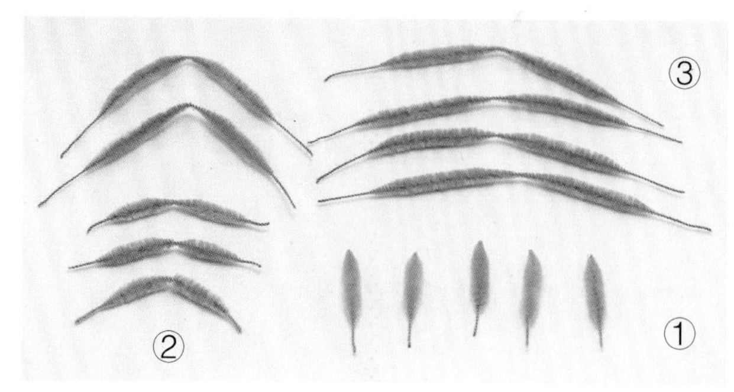

(4)注意扭扭棒修剪后长短的变化和不同用途所需的不同形状。①打尖扭扭棒做花蕊；②双打尖扭扭棒做小花瓣；③双打尖扭扭棒做大花瓣。

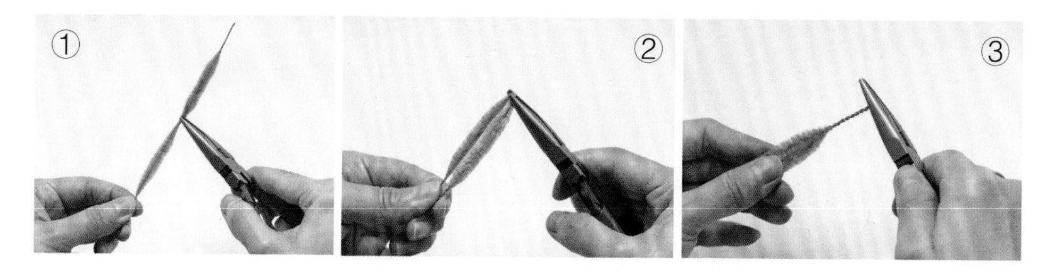

(5)修剪好形状后，先将中间对折①②，再将根部扭紧③。

(6)制作花蕊和内层小花瓣。

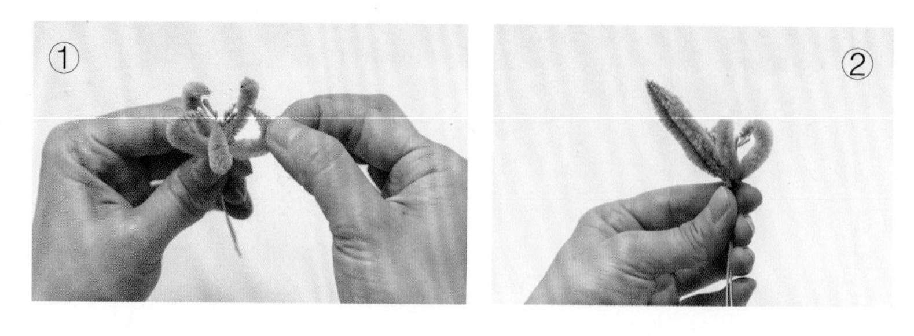

(7)调整好小花瓣的形状后①，依次缠绕上外层的大花瓣②。

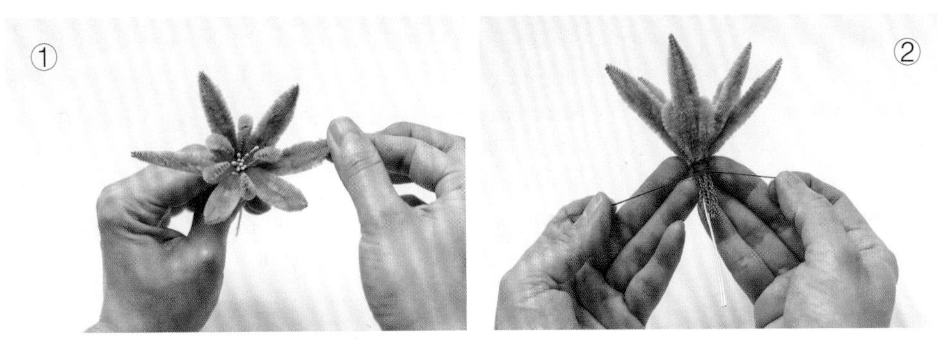

(8)缠绕好第一层大花瓣后①，在根部用弹力线缠紧②。

(9)注意，大花瓣和花蕊要错层分布。

(10)先用弹力线缠紧，再用手工花艺胶带缠紧加固。

(11)按图中所示的方法制作小花。

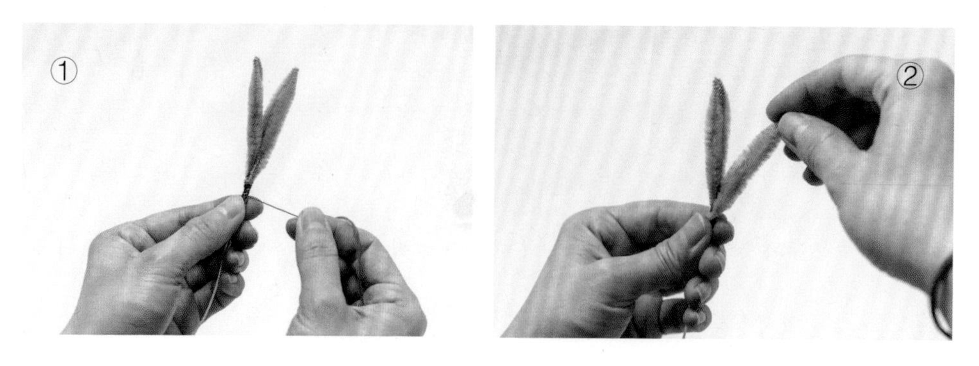

(12)将两片大花瓣合在一起来制作花苞。

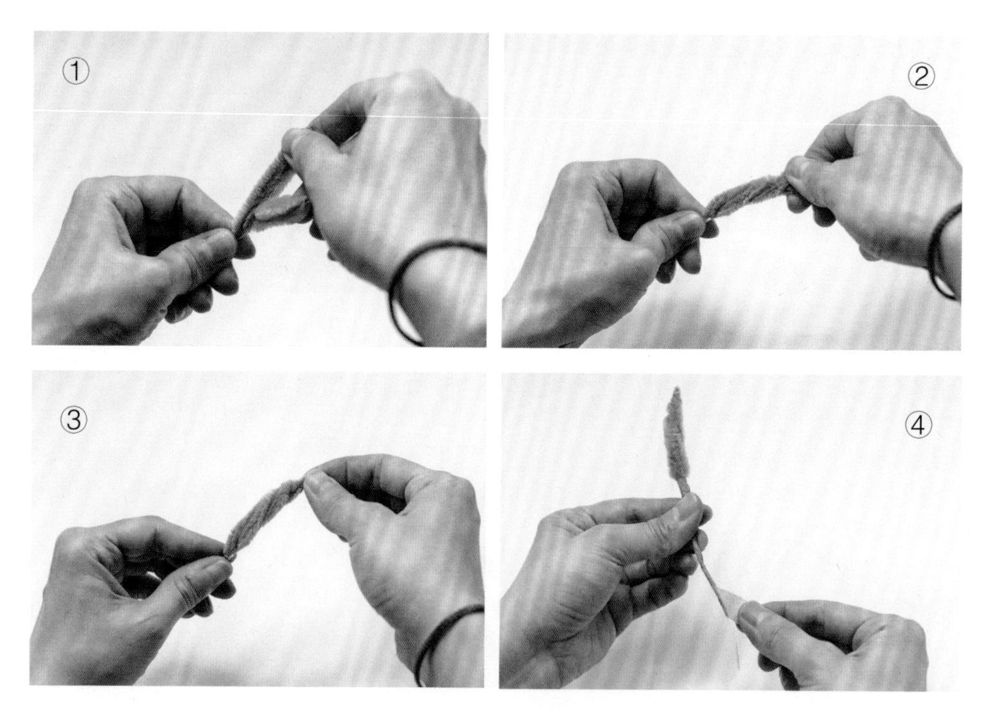

(13)将花瓣顺时针扭在一起。注意不要扭得太紧,然后在根部用手工花艺胶带缠好。

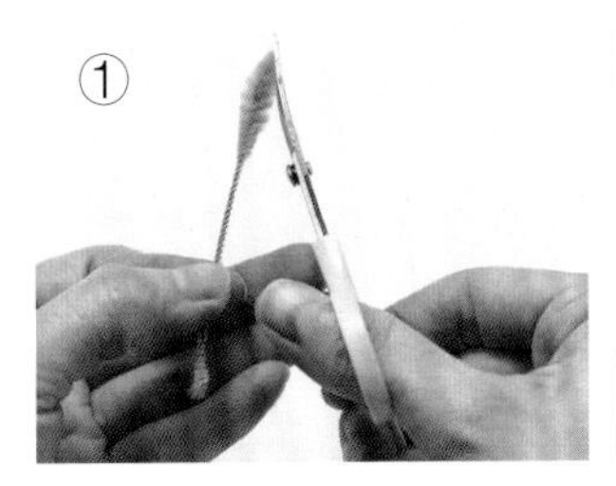

(14)加入一些小装饰,再用手工花艺胶带缠紧。

(15)准备工具和材料进行整体造型的制作。

(16)用弹力线错落着将花朵缠在一起。

(17)为了让花杆挺拔,也可以加入硬的花杆铁丝,然后用弹力线缠紧。

(18)最后用手工花艺胶带藏线,这样更美观。

(19)作品效果图。

(20)也可以进行染色,使作品富于变化,让造型更美。

(九)荷花的制作

准备工具和材料,包括扭扭棒、弯头剪刀、弹力线、手工花艺胶带和色粉等。

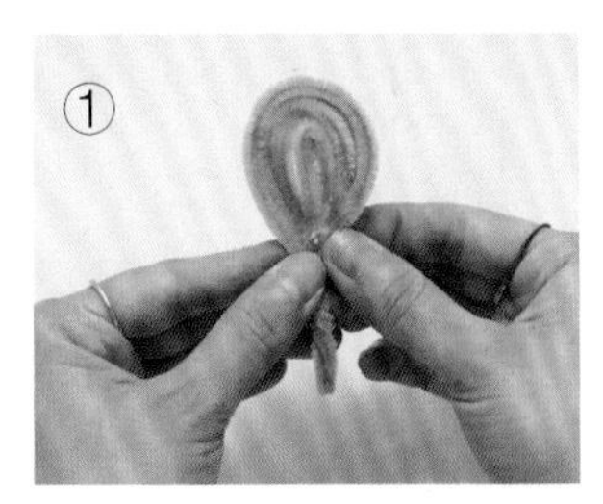

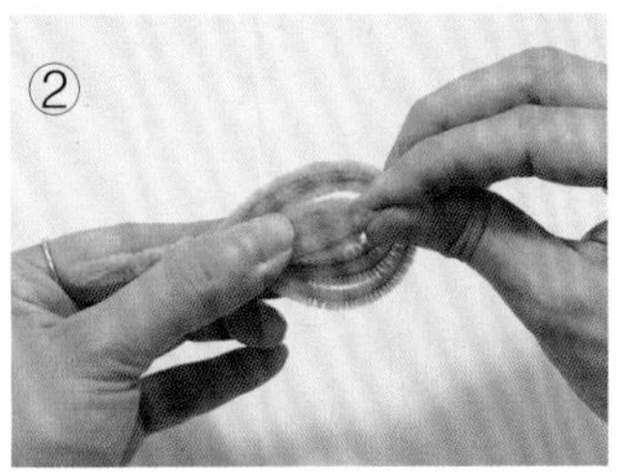

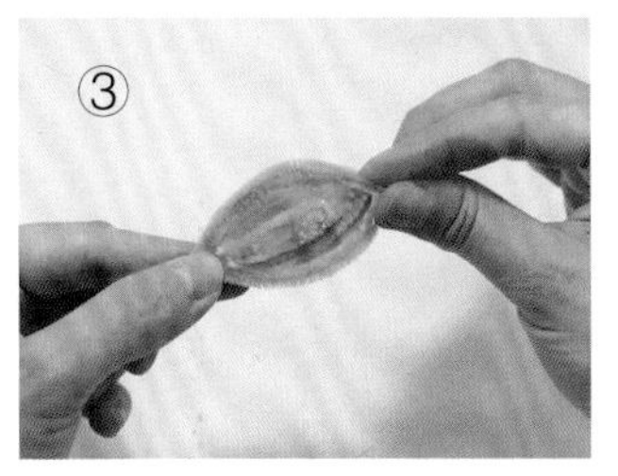

(1)制作花瓣,将花瓣顶端捏成尖的形状。

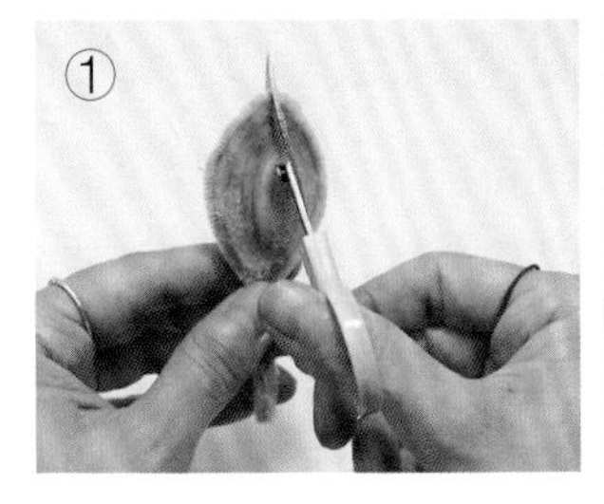

(2)将外层大花瓣剪开,再将剪开的扭扭棒顶部打尖。

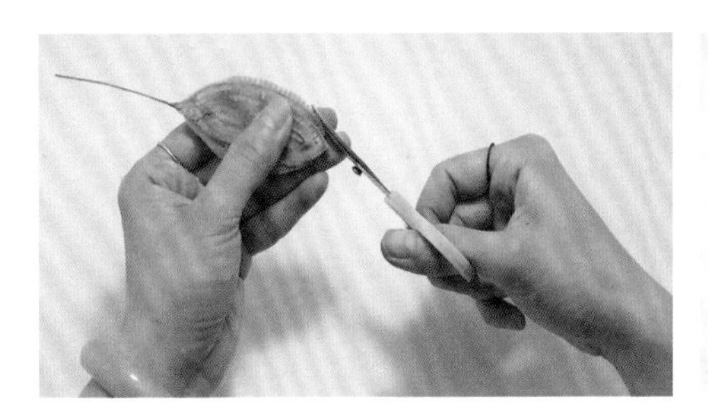

(3)修剪出花瓣的形状。

(4)小花瓣单层不剪开,与大花瓣一起准备好后,进行深浅渐变的染色。

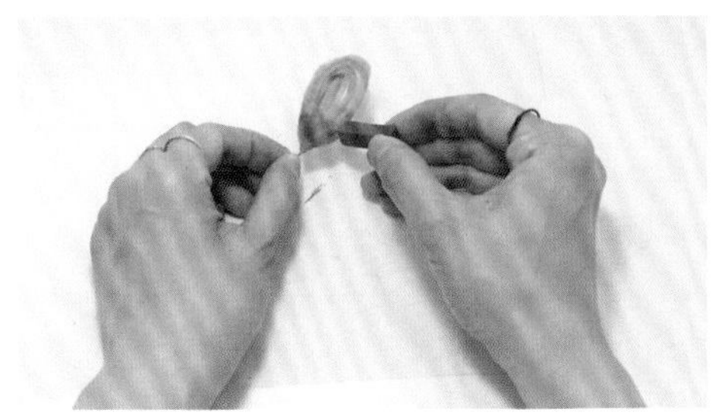

(5)给花瓣上色。

(6)用拆开的丝带做花蕊,用弹力线把花蕊缠在花杆上。

(7)用小花瓣绕花蕊围一圈,然后用弹力线缠紧。

(8)将大花瓣包在小花瓣外层①。缠紧后,调整花形②。

(9)用手工花艺胶带缠绕花杆。

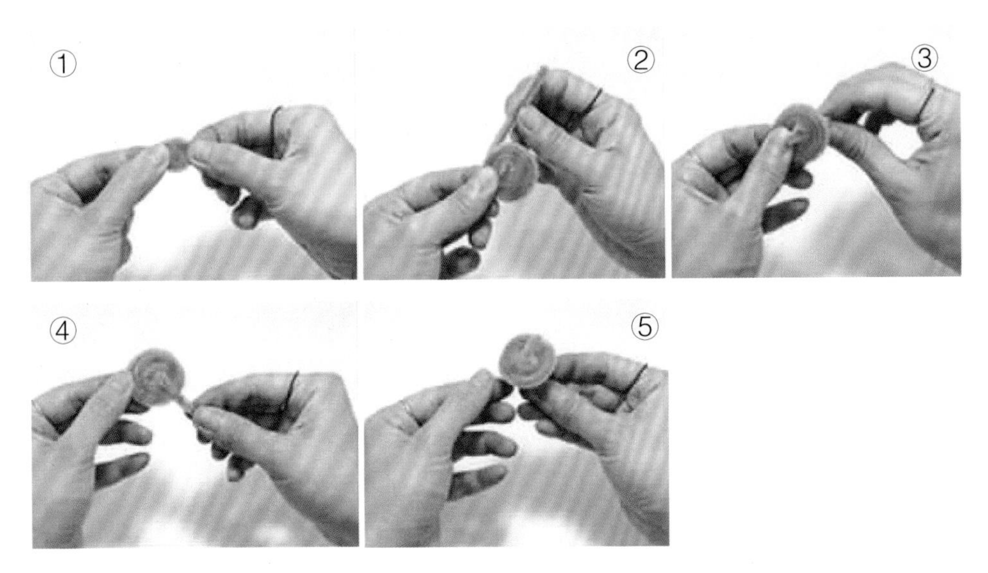

(10)用盘绕法(如图)做出圆形花蕊,然后将花蕊捏平。

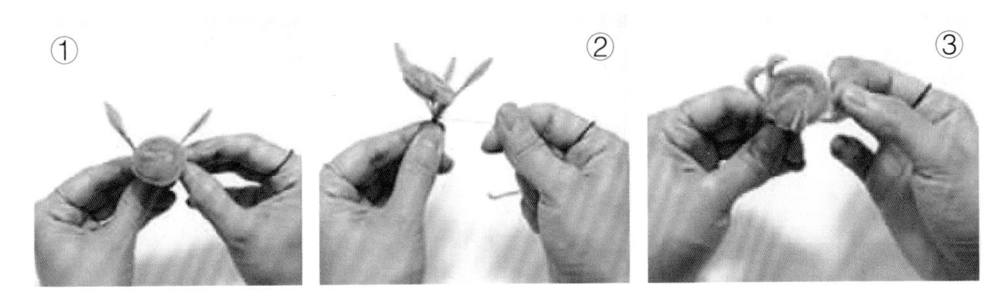

(11)缠紧花蕊后,调整成弯曲的形状。

(12)将小花瓣包在花蕊外层,然后缠紧。

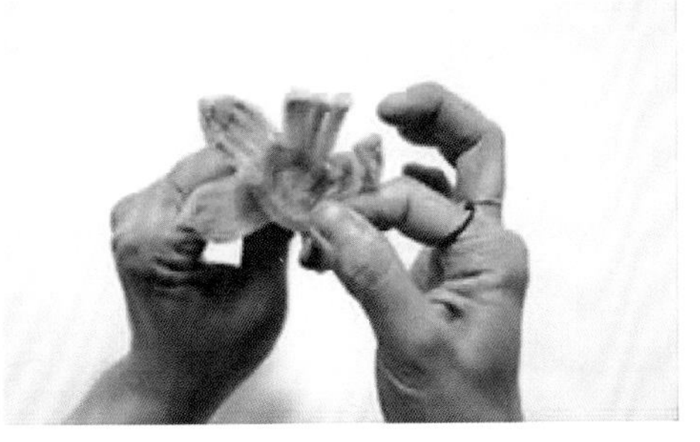

(13)花瓣顶端向内微卷。

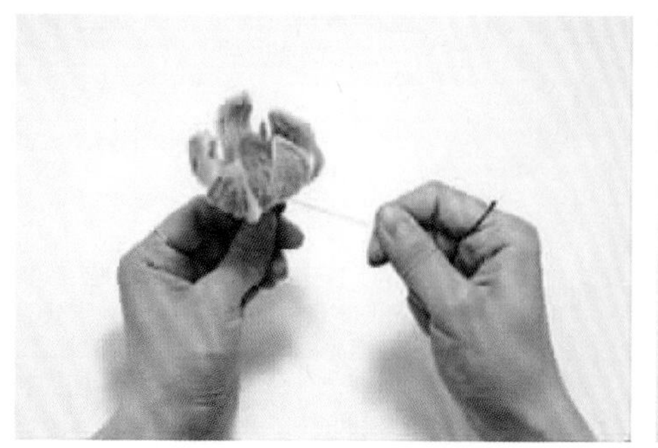

(14)将花瓣用弹力线固定。

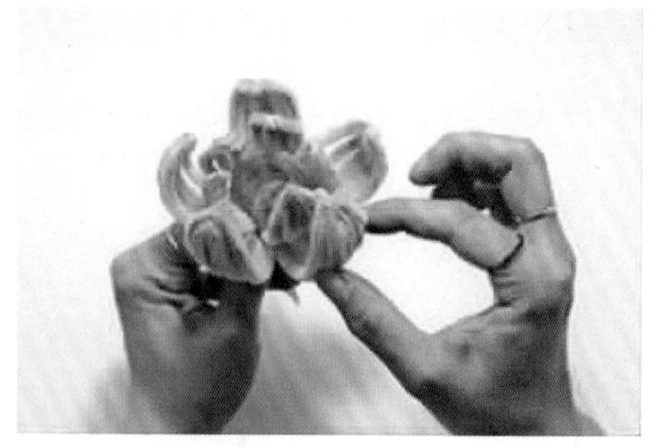

(15)将大花瓣作为第二层,依次缠绕,并整理好花形。

(16)用弹力线固定。

(17)调整好花瓣的形状。

(18)最后用手工花艺胶带缠紧。

(19)作品效果图。

(20)做几枝合并成一个组合作品。

(21)作品效果图。

(十)波岸花的制作

准备所需的材料。

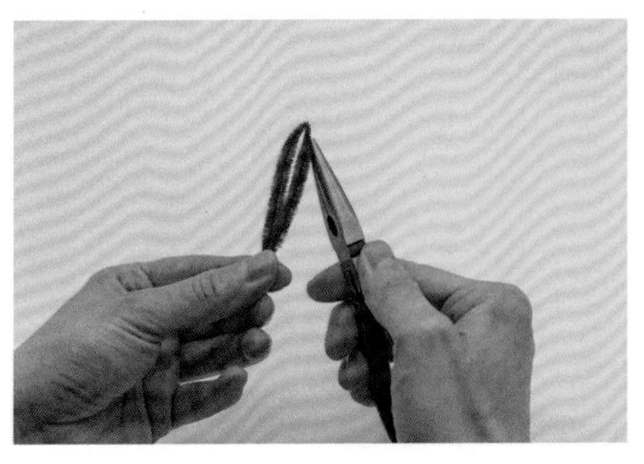

(1) 将普通的扭扭棒修剪好形状后，对折。

(2)用手工钳扭紧根部。

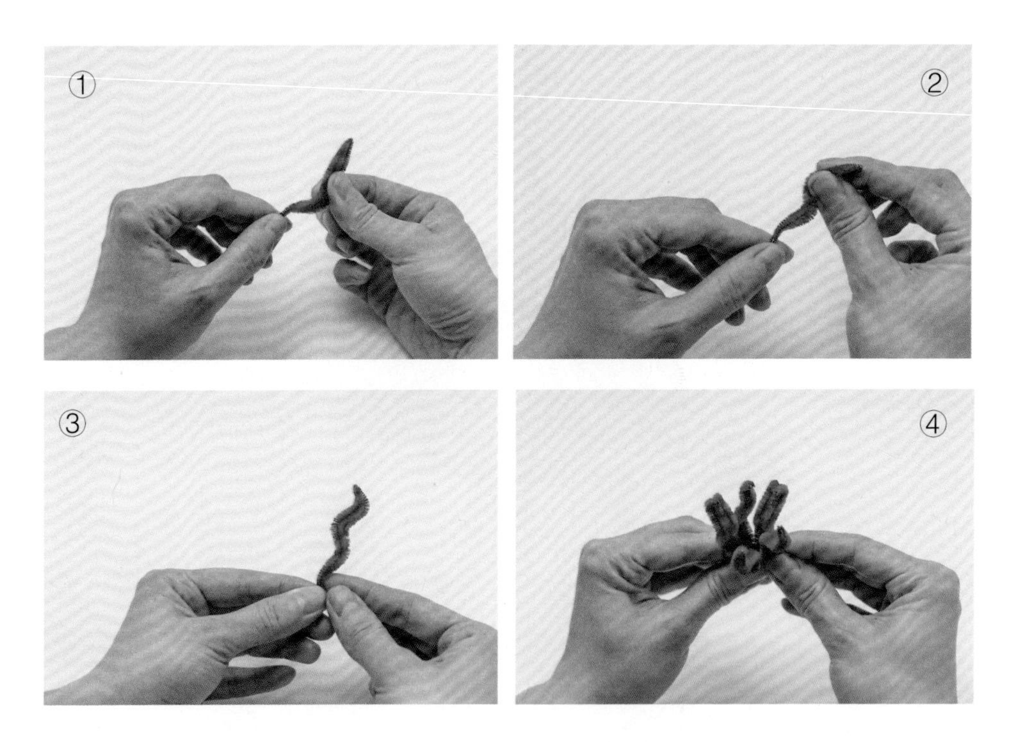

(3)将花瓣按图弯出波浪状弧度。

(4)将长花蕊修剪出彼岸花独特的造型。

(5)然后用弹力线将几个彼岸花造型的长花蕊缠紧。

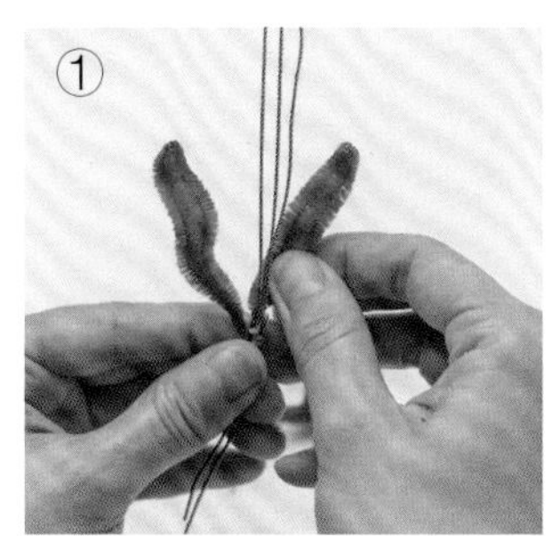

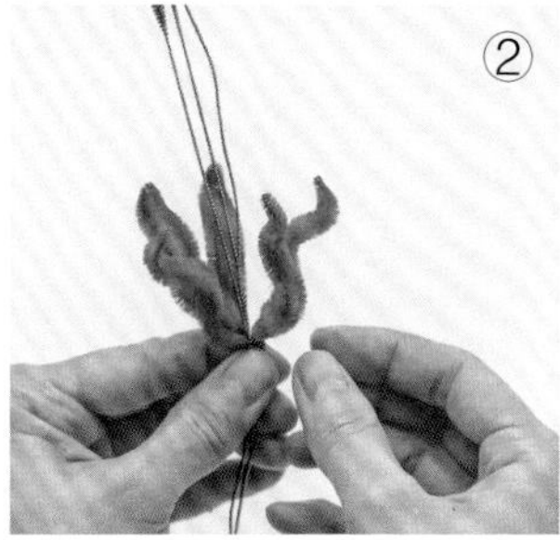

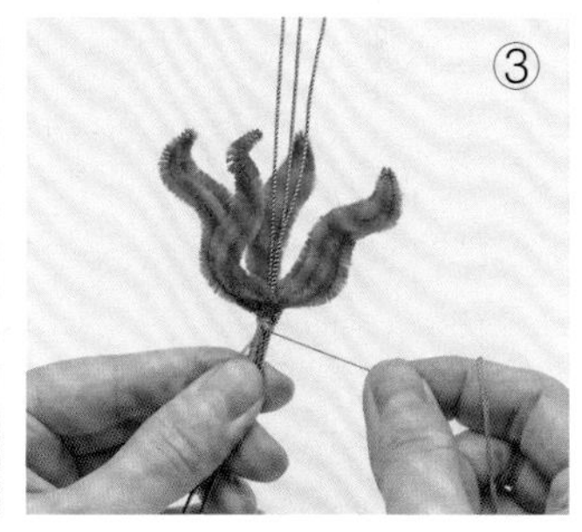

(6)将花瓣围绕花蕊的底部缠绕好,再用弹力线绑紧。

(7)将花蕊偏向一边,向内弯曲。

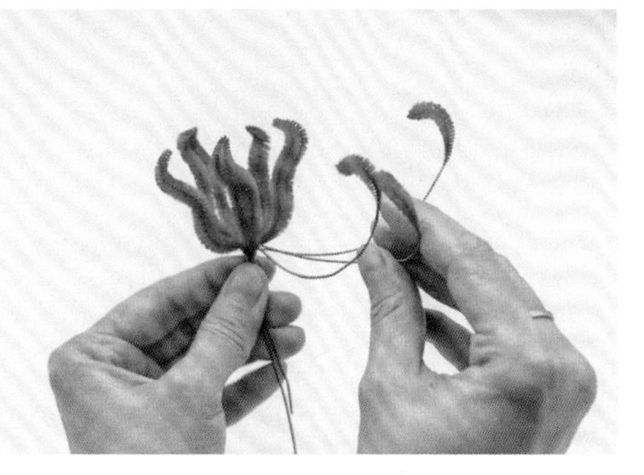

(8)调整好花瓣和花蕊之间的空隙后,用弹力线缠紧。

(9) 最后用手工花艺胶带缠绕，藏住弹力线。

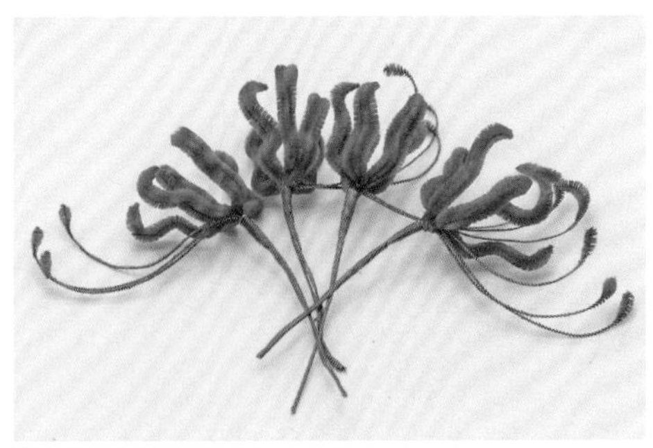

(10)多做几朵，完成整体的造型。

(11)将制作好的花朵组合在一起。

(12)用弹力线缠紧花杆。

(13)调整花形。

(14)用手工花艺胶带缠绕。

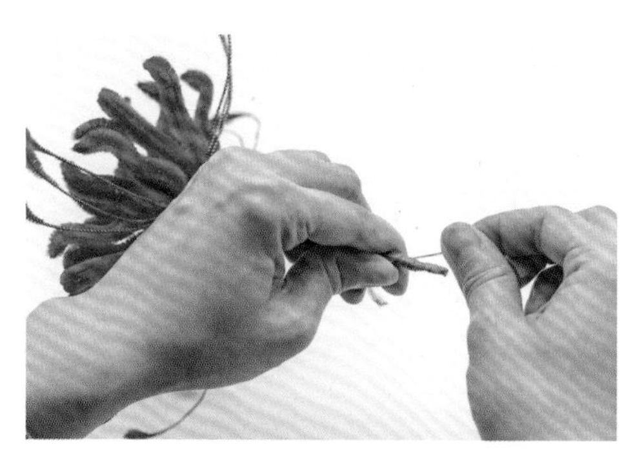

(15)末端可用弹力线再缠紧。

(16)作品效果图。

★还可以用波浪扭扭棒制作彼岸花。

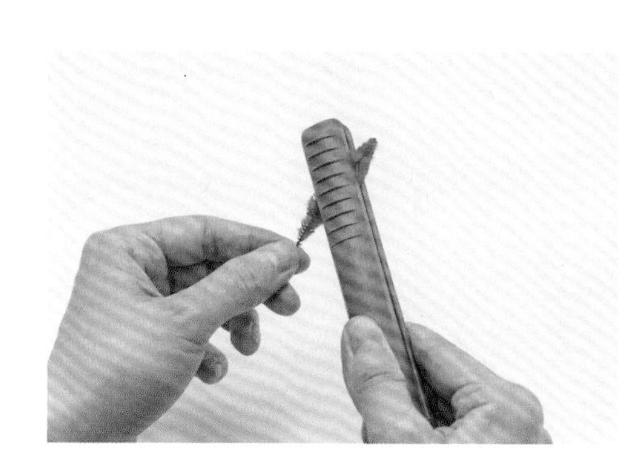

(1) 先将波浪扭扭棒修剪好形状，再用电热夹板烫平。

(2)将其弯出波浪状弧度，然后用弹力线缠紧，并将花蕊偏向一边。

(3)调整花形，完成作品。

（十一）尖瓣牡丹的制作

准备工具和材料，包括粗扭扭棒、细铁丝、弯头剪刀、花蕊、花杆铁丝、染色用水彩笔、弹力线和手工花艺胶带。

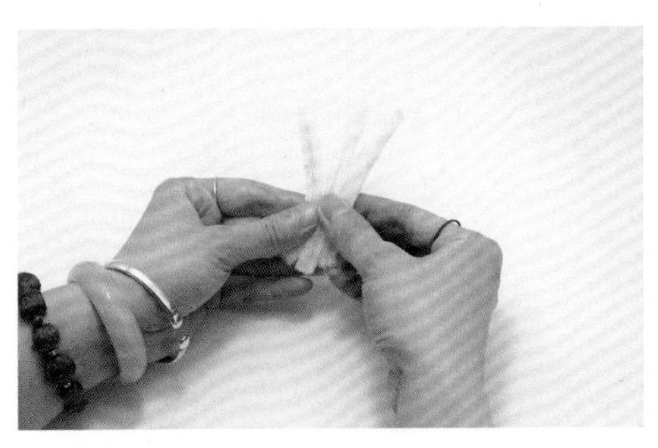

(1) 选出制作花瓣所用的扭扭棒（长短按所做的花瓣大小）。

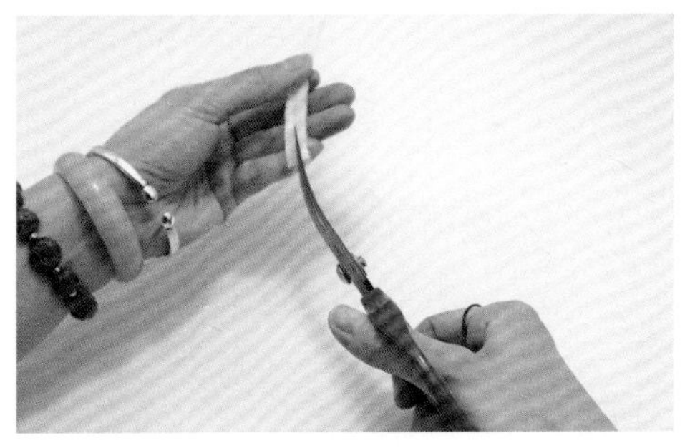

(2)从中间将其剪开。

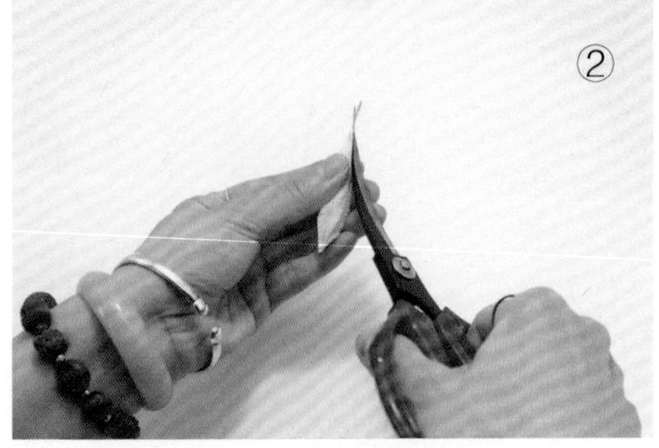

(3)剪去扭扭棒顶部与根部的绒毛，并打尖。

(4)完成后,用水彩笔上色。

(5)由大到小做出所需的花瓣:小的3片一组,大的4片一组。

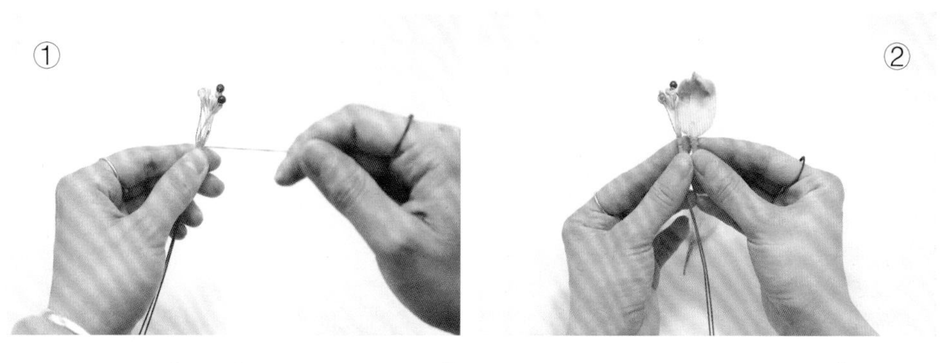

(6)将准备好的花蕊绑在花杆上①,再把做好的花瓣裹在花蕊外面②。

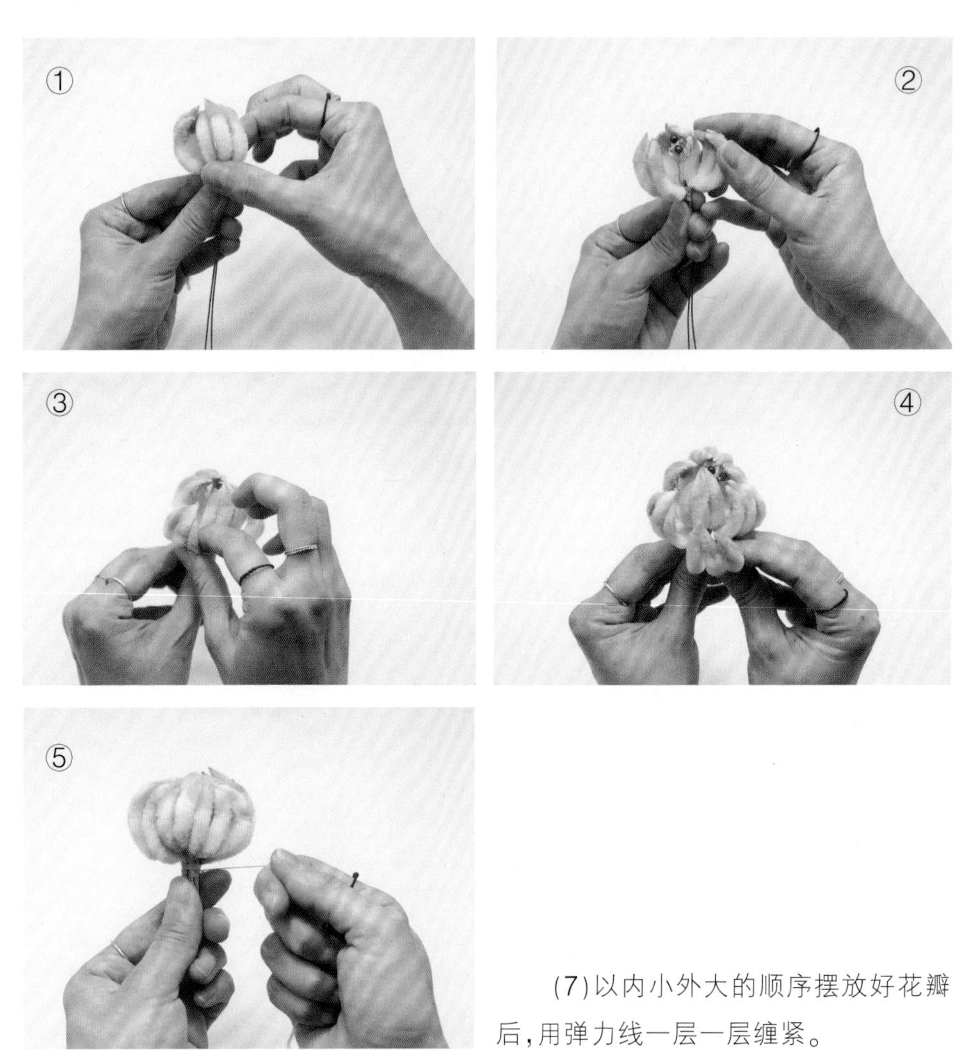

(7)以内小外大的顺序摆放好花瓣后，用弹力线一层一层缠紧。

(8)整理好花瓣的弧度和花形。

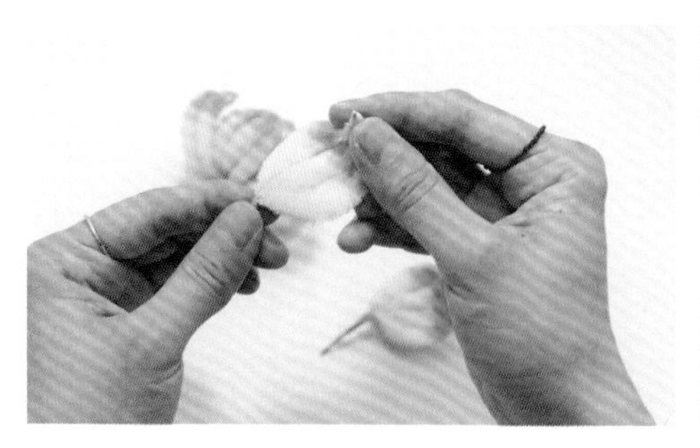

(9)将花瓣用手捏紧。

(10)外部用手抓实。

(11)将最外层的花瓣摆好位置。

(12)用弹力线缠紧。

(13)调整花形。

(14)作品效果图。

(十二)烫瓣牡丹的制作

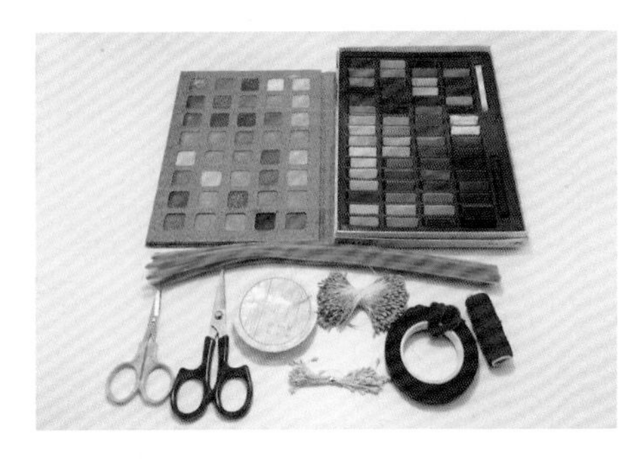

准备工具和材料,包括细扭扭棒、弯头剪刀、弹力线、手工花艺胶带、花蕊和色粉或眼影等。

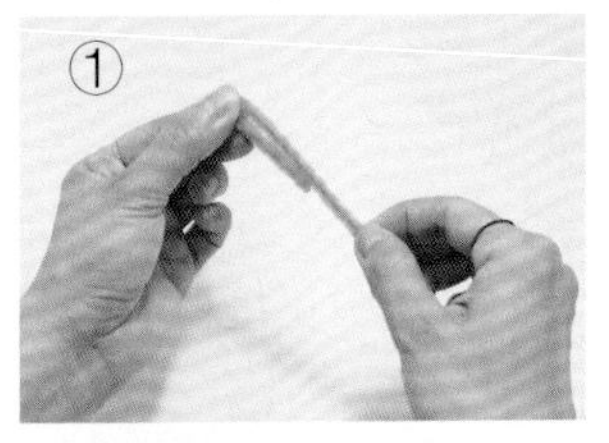

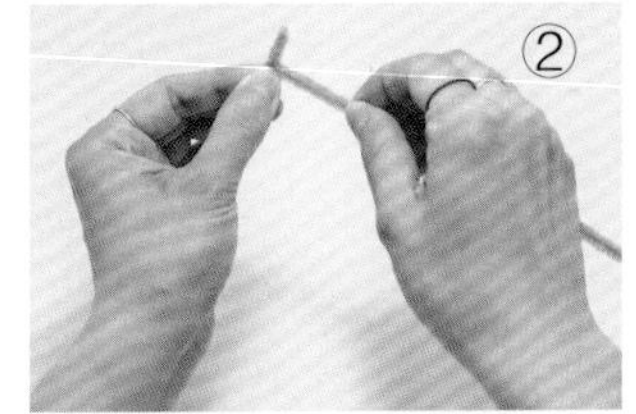

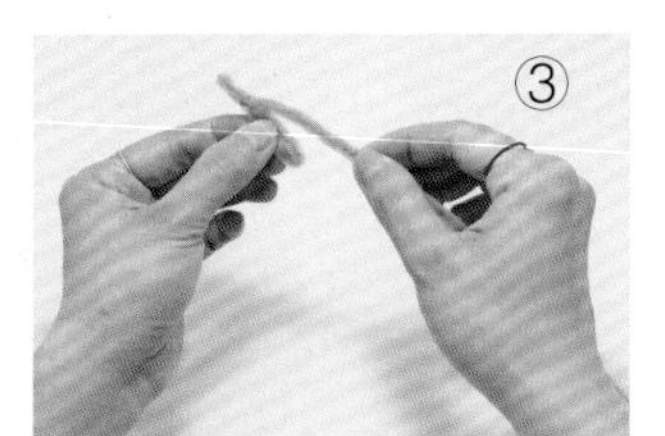

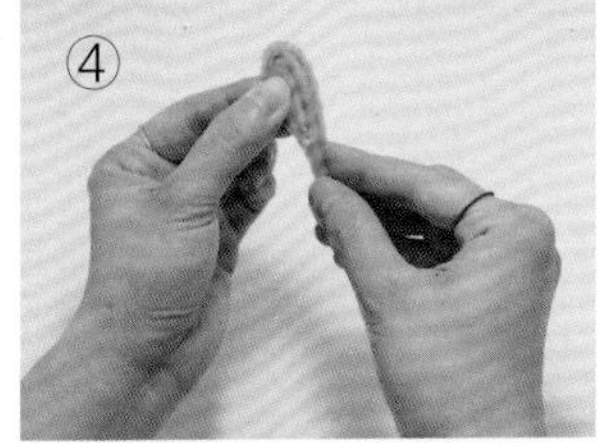

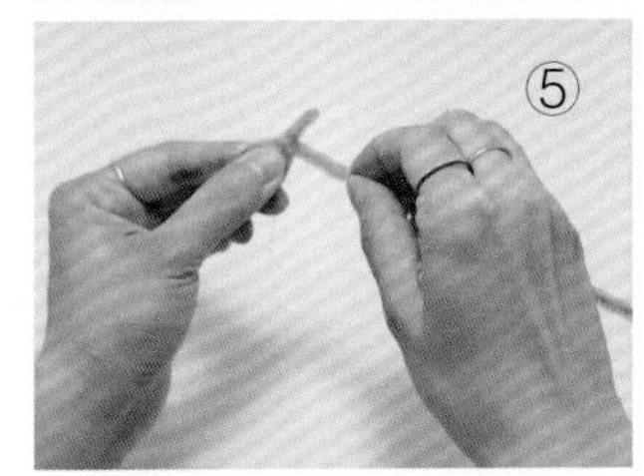

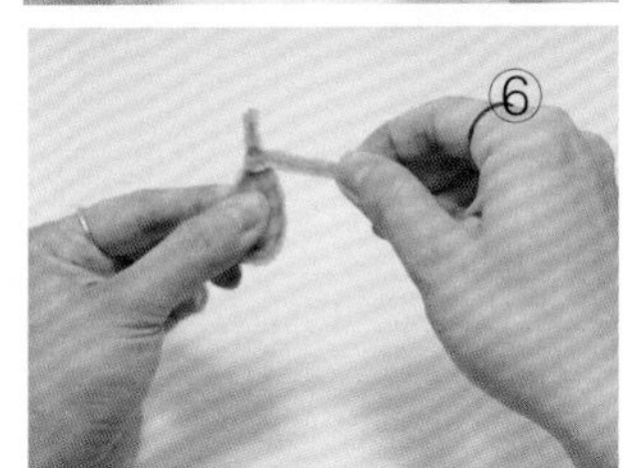

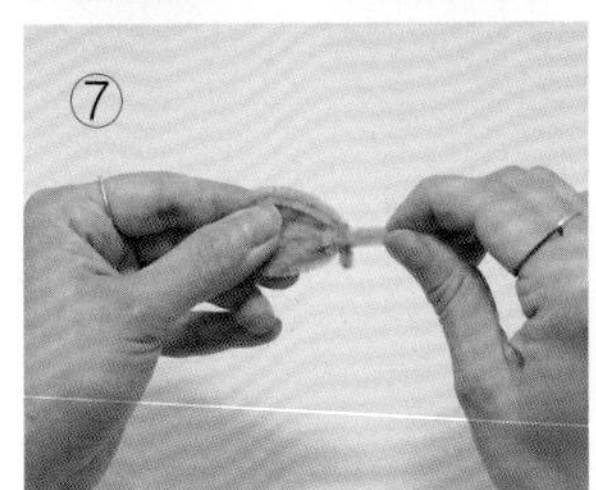

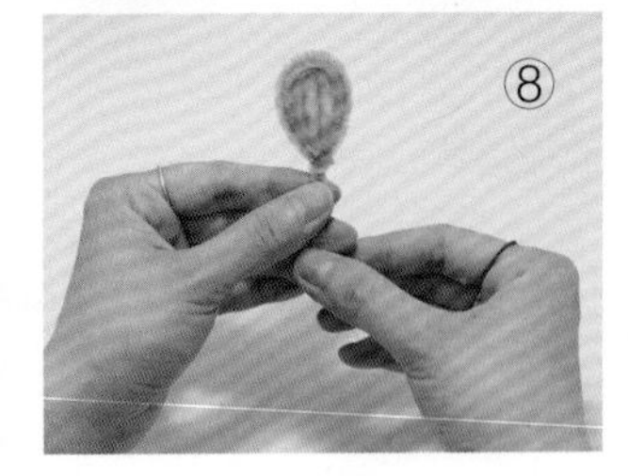

(1)用折绕的方法制作内层花瓣,然后进行整理。

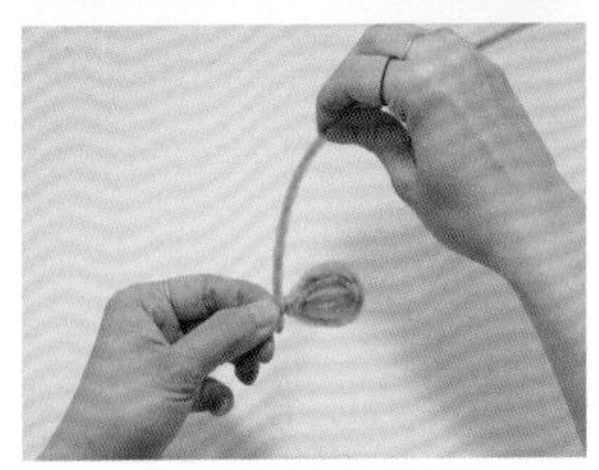

(2)用添加扭扭棒的方法继续缠绕、扩大,来制作大花瓣。

(3)如图所示,大花瓣制作完成。

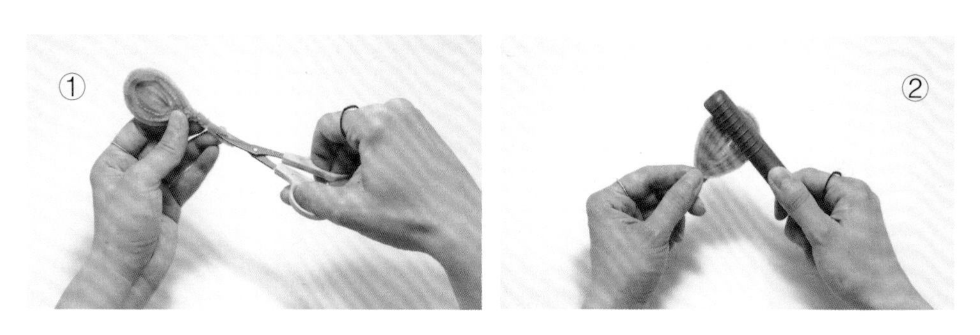

(4)做好大花瓣后,修剪掉底部的绒毛①,再用电热夹板烫平②。

(5)制作 6 片小花瓣和 5 片大花瓣。

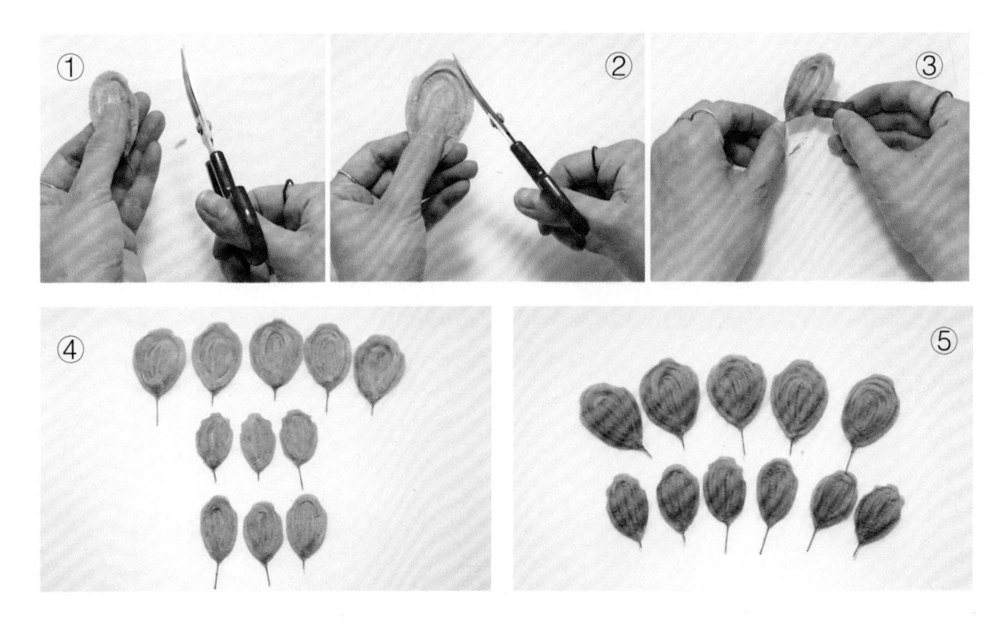

(6)用弯头剪刀修剪花瓣的整体形状和边缘处的装饰形状，再用色粉染出深浅变化的效果。

(7)用弹力线缠紧扭扭棒，调整花蕊的形状。

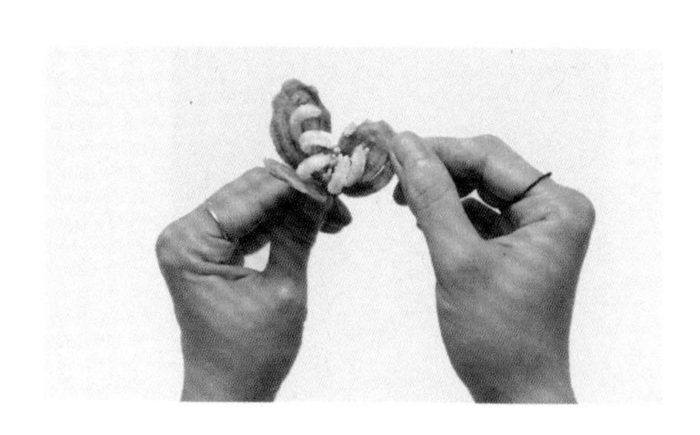

(8)分层缠绕花瓣,第一层为 3 片。

(9)然后用弹力线缠紧。

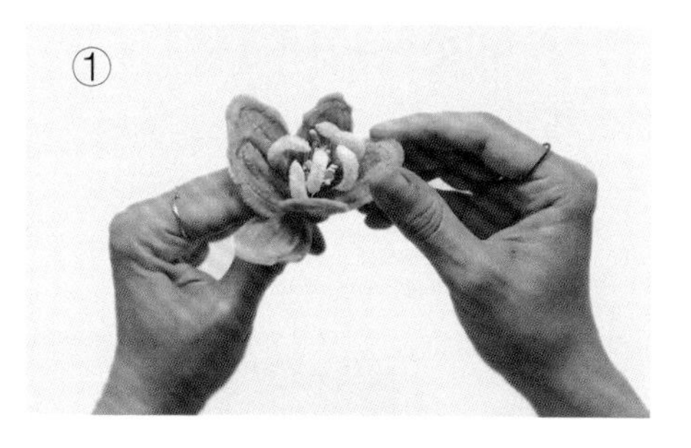

(10)第二层花瓣错落地围绕第一层圈好①,然后用弹力线缠紧②。

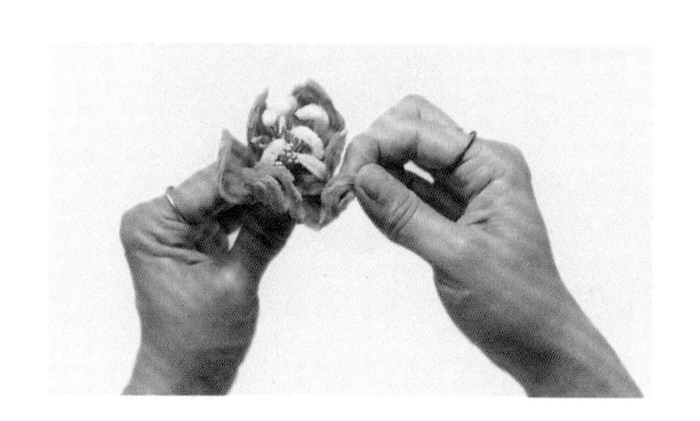

(11)第三层用 5 片大花瓣围绕第二层缠紧。

(12)整理花朵的外观。

②

(13)如果担心松开,可用弹力线再缠几下。用手指向内卷,捏出花瓣的弧度。

(15) 用手工花艺胶带将花杆连接处缠紧。

(16)作品效果图。

(十三)桃子的制作

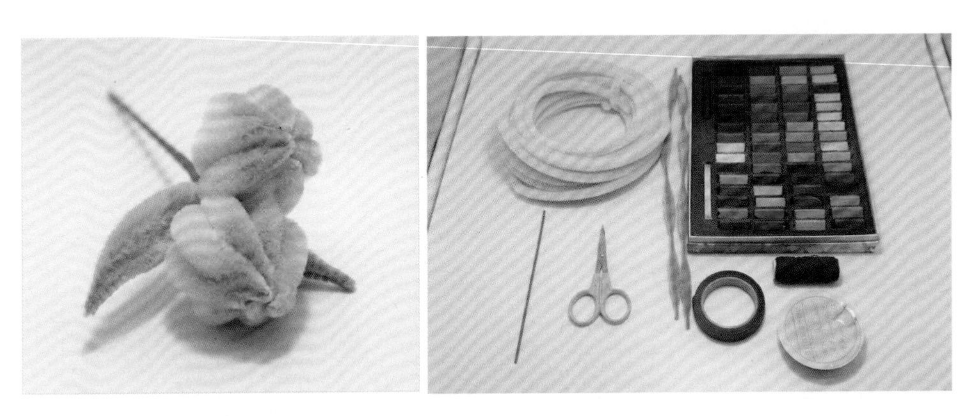

准备工具和材料，包括粗和细扭扭棒、波浪扭扭棒、弯头剪刀、弹力线、手工花艺胶带、细铁丝、花杆铁丝和色粉。

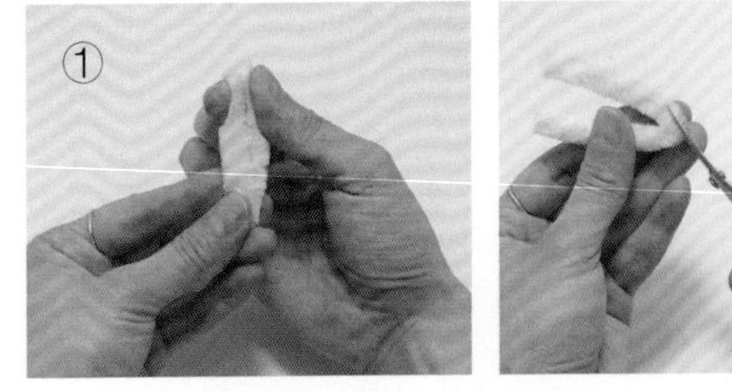

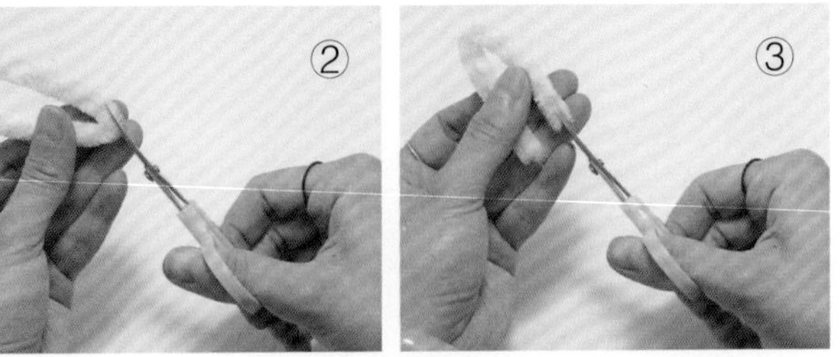

(1)将粗扭扭棒剪成需要的长短后，对折①。将顶端打尖②，根部剪去绒毛后也打尖③。

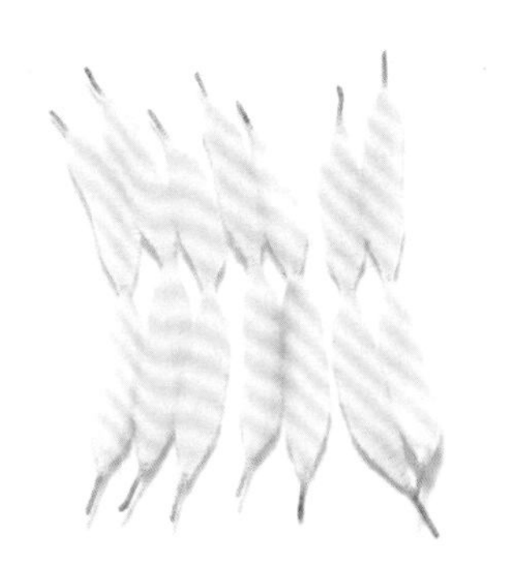

(2)制作后的效果图。

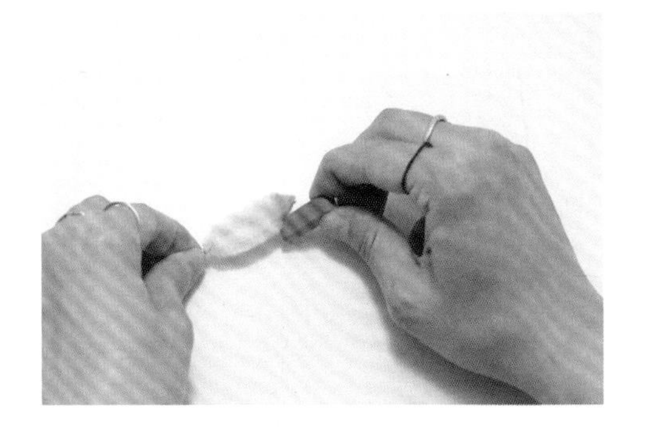

(3) 将对折后的绒片取出4片进行染色(一般制作一个桃子需要4片)。

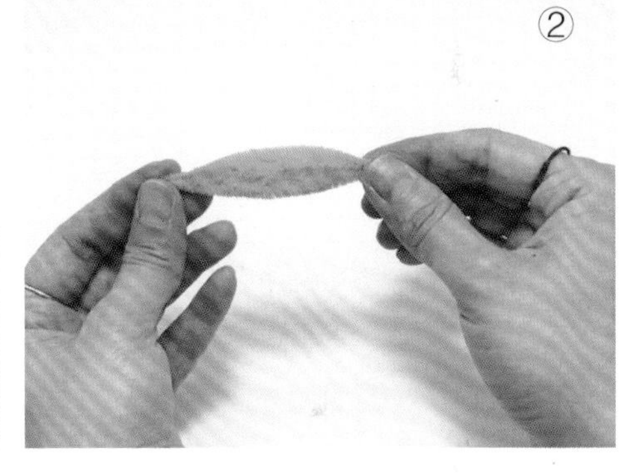

(4)叶子可以直接用绿色的波浪扭扭棒对折,也可以像做桃子一样,用绿色的扭扭棒进行修剪后对折。

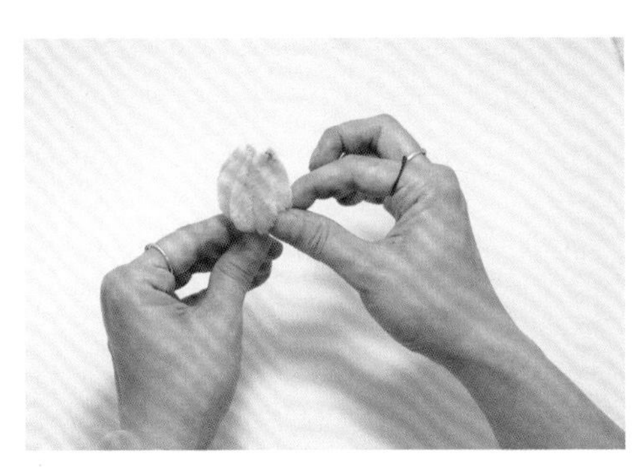

(5)将每一片花瓣向内捏出弧度。

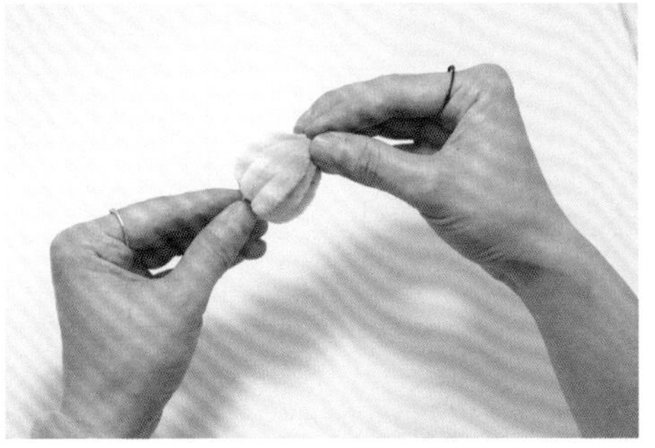

(6)将叶片对齐后,捏住顶端,然后再轻轻地向下压出圆弧。

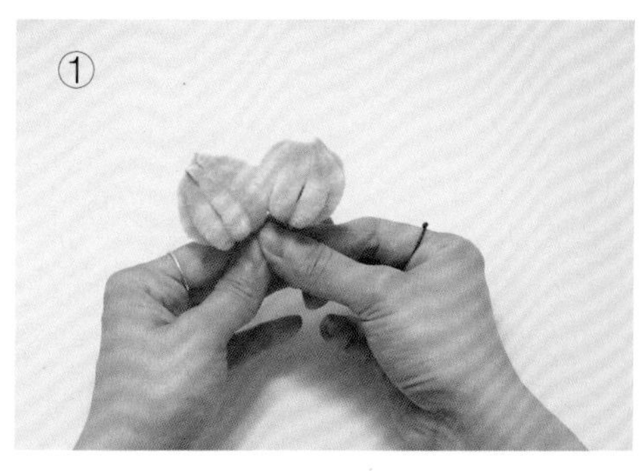

(7)将做好的桃子用手工花艺胶带固定在花杆上。

(8)将做好的两个桃子组合在一起，并装饰叶片。

(9)用弹力线将其固定在花杆上。

(10)最后用手工花艺胶带缠紧。

(11)作品效果图。

（十四）立体玫瑰花

准备工具和材料。

(1)准备两根扭扭棒，对折，呈十字状摆好后，将竖着的扭扭棒围绕横着的扭扭棒的中心点绕一圈扭紧。

(2)将其呈“T”字摆放,再将两根扭扭棒从中间对折,剪开后再对折。一边两根,沿着中间竖放的扭扭棒向两端扭紧到横扭扭棒上,如图所示。

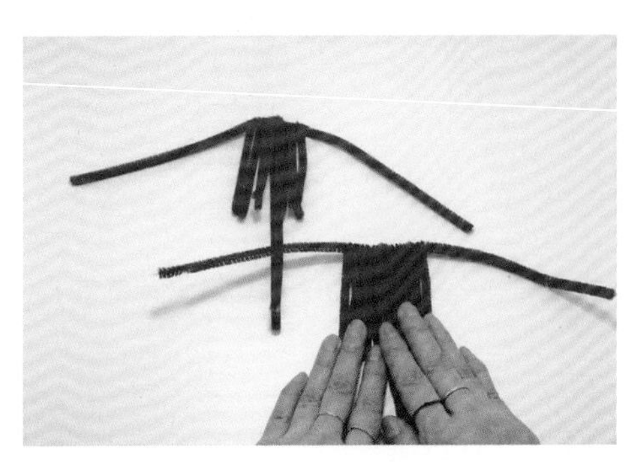

(3) 小花瓣是一边 2 根 (4 根短的),大花瓣是一边 3 根(6 根短的)。

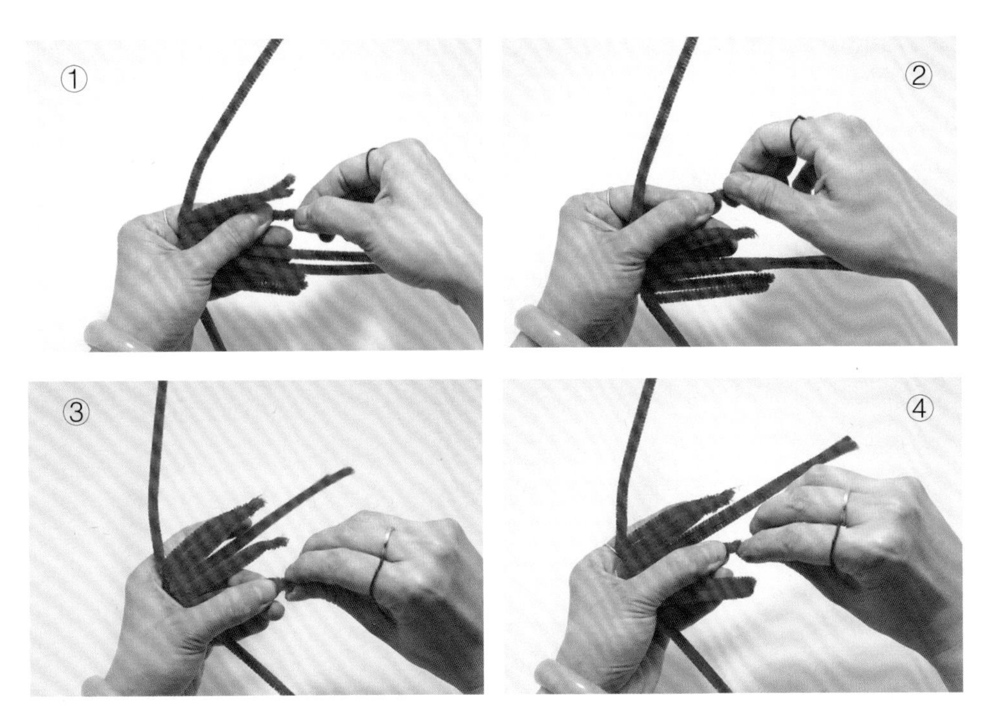

(4)两侧短的扭扭棒 2 根为 1 组，只将底部扭在一起，如图所示。

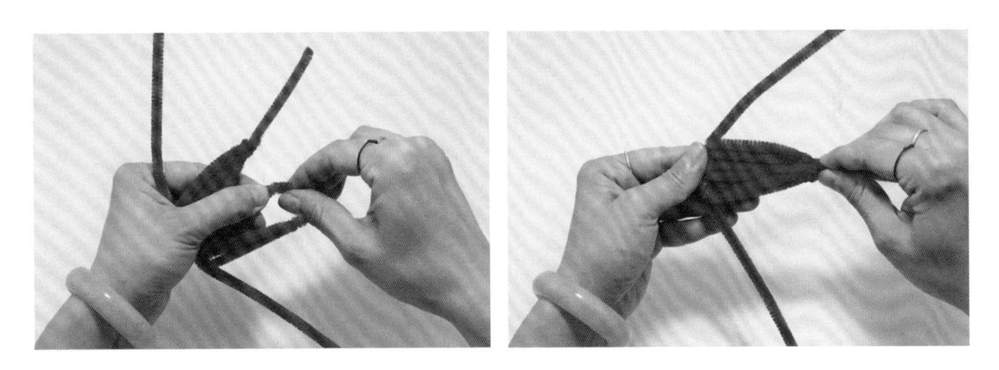

(5)将竖着的两根长扭扭棒分别和两侧扭好的短扭扭棒扭在一起（扭结实，这里可以用手工钳制作）。

(6) 再把两根扭扭棒合在一起，形成一个面儿。

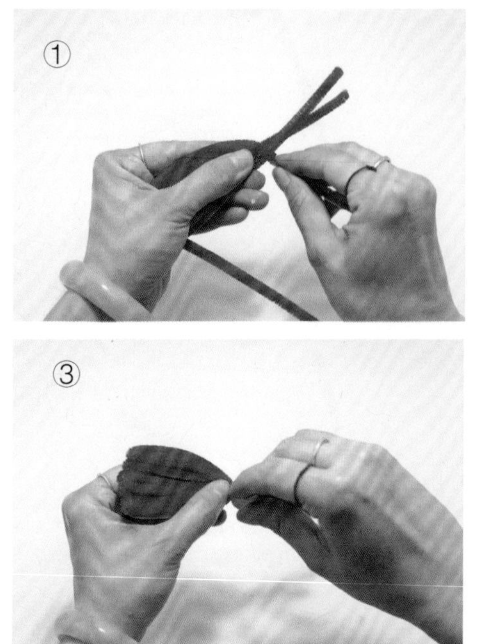

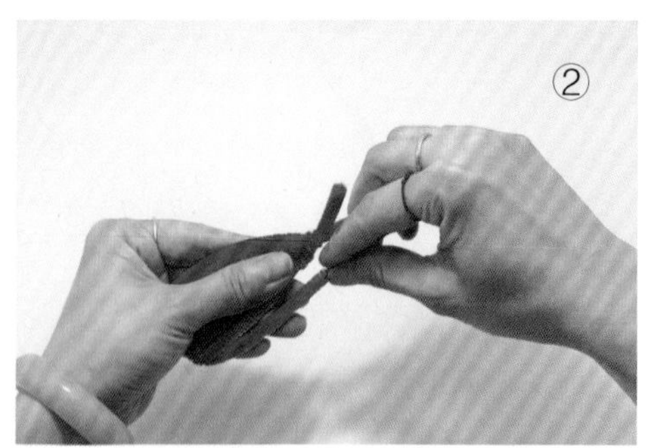

(7)将两侧向下拉，和中间的竖扭扭棒扭紧。

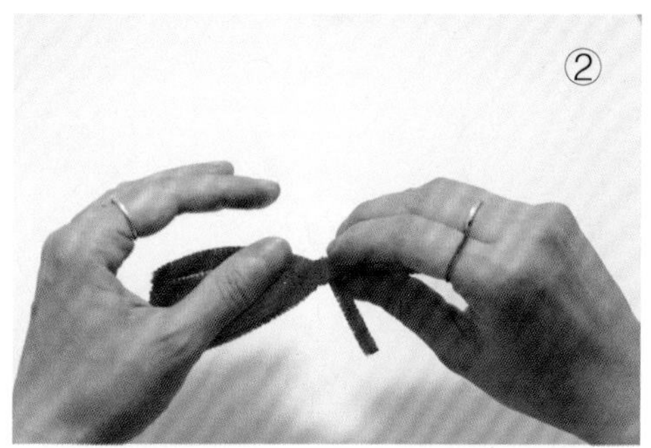

(8)完成一个面儿后，将下面的两根竖扭扭棒也扭紧在一起，这样，一个花瓣就完成了。

(9)用手指将花瓣捏出一个“勺子”的形状。

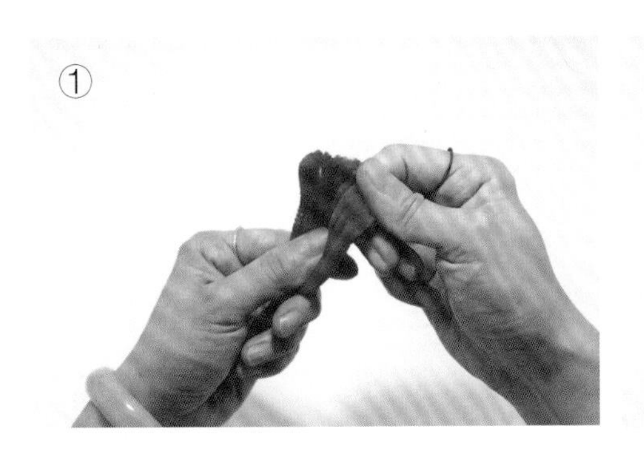

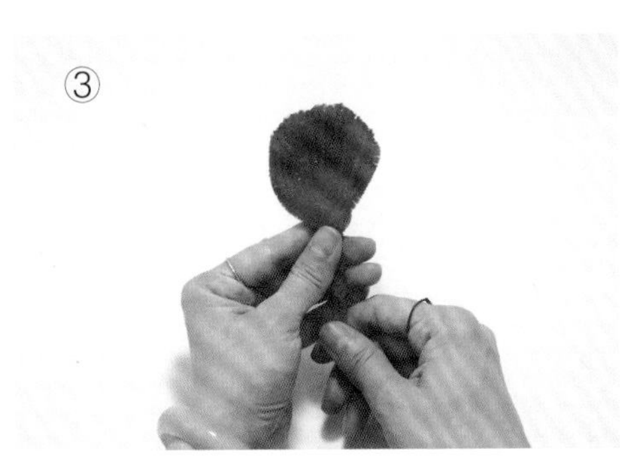

(10)用手指向外翻折花瓣的边缘，捏出弧度。

(11)完成小花瓣 3 片,大花瓣 5 片。

(12)将 3 片小花瓣摆好形状后,用弹力线绑紧。

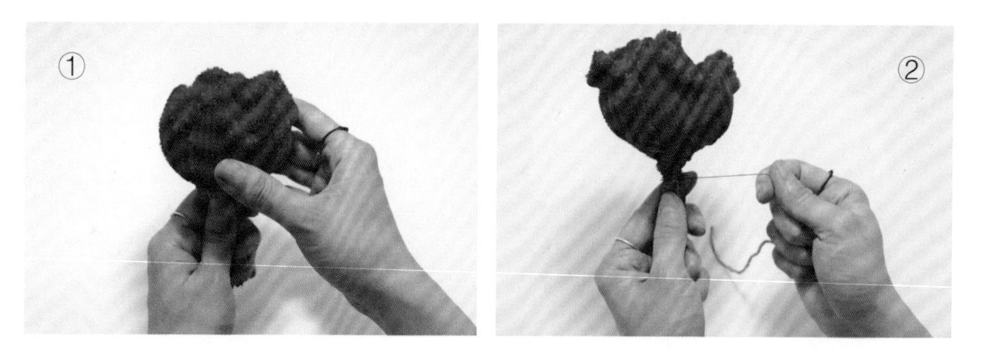

(13)将 5 片大花瓣依次围绕中心摆好形状(一片压着另一片),用弹力线绑紧。

(14)用手工花艺胶带缠绕结实后,作品完成。

★花瓣变化练习:通过改变花瓣的方向形成新的花形,可用作发饰、帽饰、胸针、腰带装饰等。

★变化练习:荷叶的制作。

第四章

扭扭棒仿绒鸟类制作

(一)绶带鸟的制作

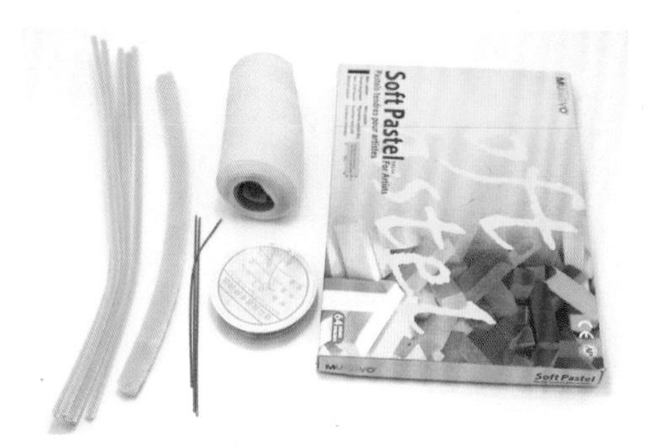

准备工具和材料，包括粗和细扭扭棒、弯头剪刀、弹力线、手工花艺胶带、粗和细花杆铁丝、色粉等。

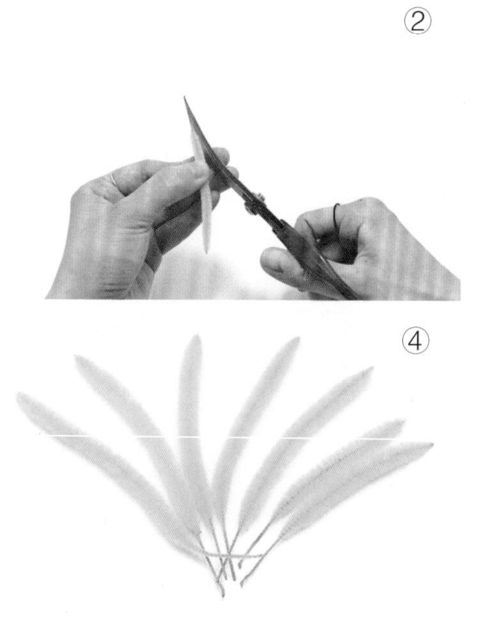

(1)修剪扭扭棒后，将根部剪去绒毛，将顶部和根部打尖。

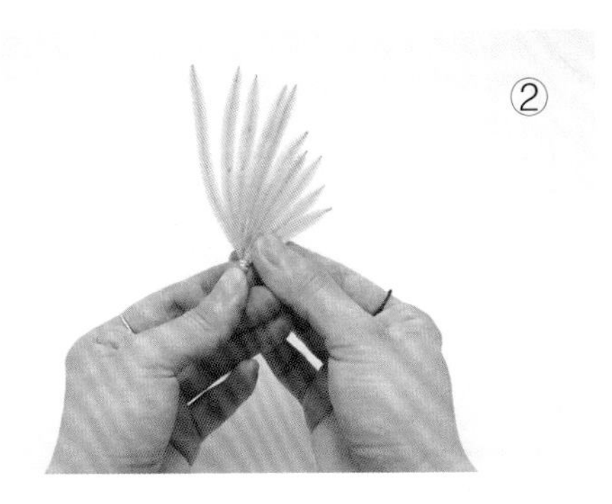

(2)将制成的羽毛摆成翅膀和尾羽的样子，然后用弹力线缠紧。一般是 9~10 根为一组。排列由长至短为宜。

(3) 准备出绶带鸟所需的各个部分，包括头颈 1 组、头翎 1 组、身体大小共 2 组、翅膀分 2 层共 4 组、尾羽分 2 层共 2 组。

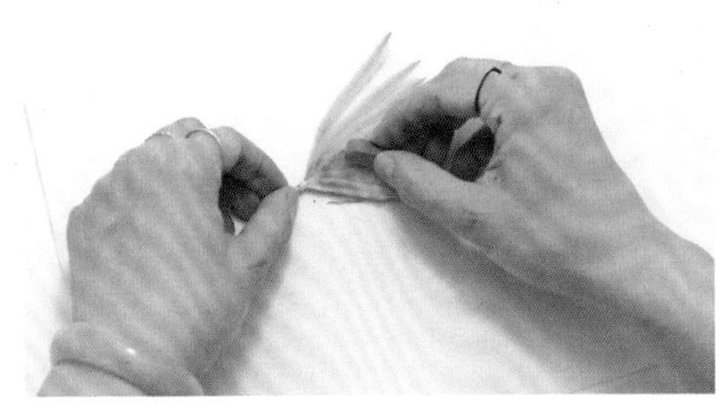

(4)用色粉染色。

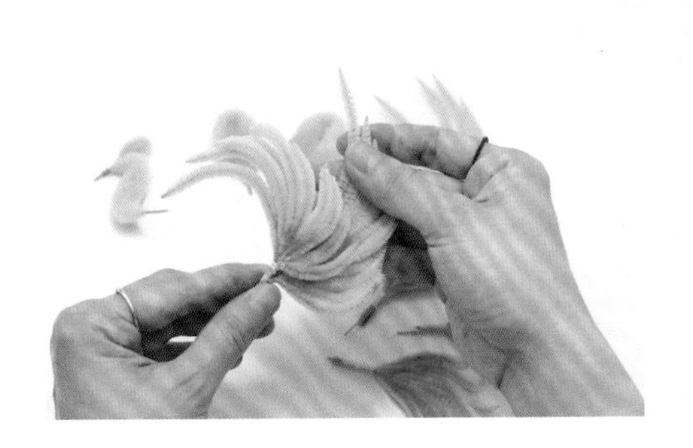

(5)整理。

(6)整理后的效果图。

(7) 用弹力线将各个部分分组缠紧。

(8)组合时的参考图。

(9)尾羽连接。

(10)整理。

(11)尾羽与翅膀连接。

(12)头与身体连接。

(13)将翅膀和尾羽固定在长花杆上,用弹力线缠紧。

(14)用手工花艺胶带缠绕,藏住弹力线。

(15)整理好翅膀和尾羽的层次和形状。

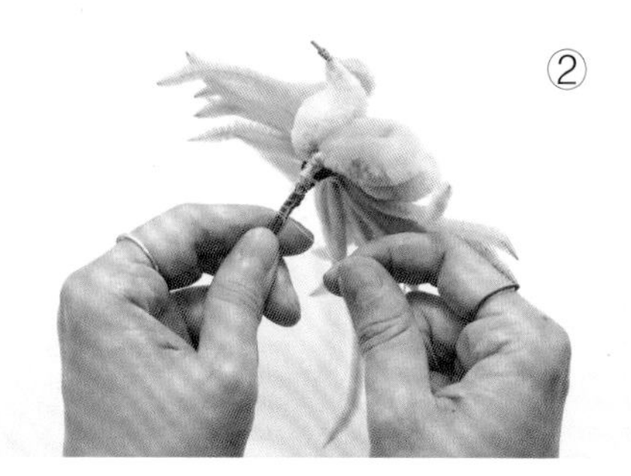

(16)将鸟的身体连接在长花杆上,进行整体组装。

(17)整体连接后,再将主花杆铁丝向后弯折,完成作品。

(二)凤穿牡丹的制作

准备工具和材料。

(1)波浪扭扭棒直接截段,根部去绒毛打尖,顶部打尖。

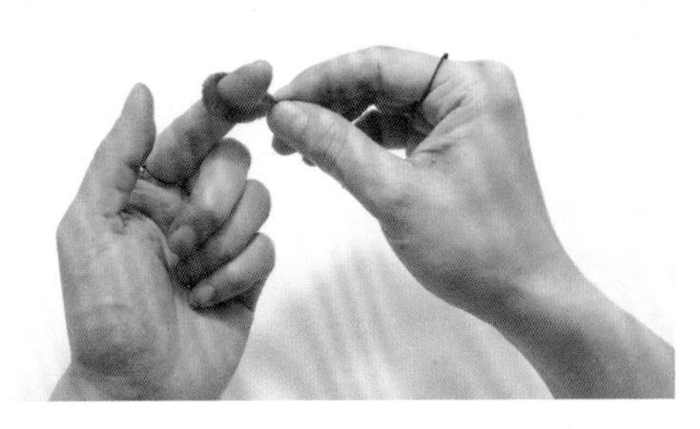

(2)将其中一个取出,用手指垫着完成圆弧状造型。

(3)修剪。

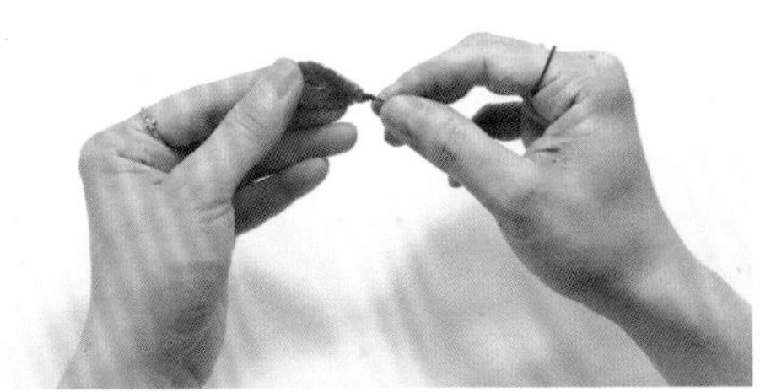

(4)将根部扭紧。

(5)将长的扭扭棒围着短的扭扭棒绕一周后再将根部扭紧。

(6)用弹力线将准备好的羽毛分左右依次在长花杆上缠好。

(7)用手捏出翎毛的弧度。

(8)做好整体后，用细铁丝从翎毛的顶端缠紧。

(9)穿上装饰用的珍珠,每穿好一颗珍珠,就用细铁丝围着主杆缠一圈以固定珍珠。

(10)需要注意的是,在穿珍珠时,一定要对齐并缠紧。

(11)完成后,效果如图,数量多少可根据自己的需要来制作。

(12)准备好所需的牡丹花。牡丹花可以准备烫瓣和不烫瓣的,数量为 3~4 支。

(13) 将牡丹花与翅膀连接在主花杆处。

（14）用弹力线缠紧。

（15）连接上翎毛后，用弹力线缠紧。为了美观，还可以在花杆部分用手工花艺胶带缠紧，藏住弹力线。

（16）作品效果图。

第五章

作品展示

结束语

扭扭棒是一种非常迷人的手工材料，其不仅色彩丰富，而且便宜、方便购买，通过卷、盘、缠、绕、弯、扭，能组合出造型别致的装饰品和栩栩如生的玩具。在扭扭棒的世界中，大家可以通过自己的想象，让创造插上翅膀飞翔。

对于大朋友，扭扭棒作品非常实用，而且制作方法基本相通，在细节的设计上加入一些自己的创意，就会创作出造型各异的作品。

对于小朋友，它不但可以提高想象力、观察力和注意力，还可以培养他们认真、耐心、细致和手眼协调并用的好习惯，同时也可以训练孩子们的技能和技巧，在提升孩子们的思维能力、色彩识别及创作思维能力方面有着独特的效果。

那么，就让我们一起发挥自己的想象力和创造力，练就一双巧手，让平凡的扭扭棒千变万化，迸发出奇妙的色彩吧！